国家植物园（北园）露地珍稀濒危木本植物

◎ 吴超然 王 熙 权 键 主编

中国农业科学技术出版社

图书在版编目（CIP）数据

国家植物园（北园）露地珍稀濒危木本植物 / 吴超然，王熙，权键主编 . -- 北京：中国农业科学技术出版社，2024.2

ISBN 978-7-5116-6344-3

Ⅰ. ①国… Ⅱ. ①吴… ②王… ③权… Ⅲ. ①濒危植物－木本植物－介绍－中国 Ⅳ. ① S717.2

中国国家版本馆 CIP 数据核字（2023）第 123901 号

责任编辑	白姗姗
责任校对	李向荣
责任印制	姜义伟　王思文

出 版 者　中国农业科学技术出版社
　　　　　北京市中关村南大街 12 号　　邮编：100081
电　　话　（010）82106638（编辑室）　（010）82106624（发行部）
　　　　　（010）82109709（读者服务部）
网　　址　https://castp.caas.cn
经 销 者　各地新华书店
印 刷 者　北京地大彩印有限公司
开　　本　185 mm×260 mm　1/16
印　　张　12.25
字　　数　260 千字
版　　次　2024 年 2 月第 1 版　2024 年 2 月第 1 次印刷
定　　价　180.00 元

《国家植物园系列丛书》

编撰委员会

主　　任：贺　然

副主任：魏　钰

顾　　问：马金双　　王　康

成　　员：刘东燕　　张　辉　李　凯　李　鹏
　　　　　陈红岩

《国家植物园（北园）露地珍稀濒危木本植物》

编委会

主　　编：吴超然　　王　熙　　权　键

副主编：刘东焕　　刘东燕　　陈红岩

摄　　影：曹　颖　　陈红岩　　陈　燕　　崔娇鹏
　　　　　邓　莲　　付俊秋　　权　键　　孙　宜
　　　　　王　熙　　温韦华　　吴超然　　西　战
　　　　　张　蕾　　周达康

2021 年 10 月 12 日，中国在联合国《生物多样性公约》第十五次缔约方大会领导人峰会上宣布：本着统筹就地保护与迁地保护相结合的原则，启动北京、广州等国家植物园体系建设。同年 12 月 28 日，国务院批复同意在北京设立国家植物园，成为中国植物园建设的里程碑。

放眼世界，全球有 3 000 多个植物园，中国的植物园有 200 余个。植物园的定义、植物园的使命，以及植物园的主要任务，随着时代发展而变化。目前，全球范围内由于人类活动的影响，物种灭绝速度比自然灭绝速度快 1 000 倍，在这种情况下，植物园承担了植物迁地保育的主要任务，被誉为植物的"诺亚方舟"。

国家植物园（北园）前身北京市植物园于 1956 年建园，是中华人民共和国成立后国务院批准建设的植物园。北园自建园以来，一直致力于濒危木本植物的迁地保育工作。以园内樱桃沟水杉林为例：1972 年从水杉发现地水杉坝引进种子开始播种实验，1974—1975 年水杉苗木大量在樱桃沟试种。如今，这片水杉林生机勃勃，已经成长为我国北方地区最大的水杉林之一。

"植物园露地濒危木本植物现状分析研究"课题组在国家植物园（北园）的支持下，将北园露地珍稀濒危木本植物的研究现状汇集成书，既是对前人工作的总结梳理，也是对国家植物园（北园）现有露地珍稀濒危植物的科学展示。我相信这本书将成为植物园科研人员继续开展濒危木本植物迁地保育工作的有力支撑，并将为北方其他植物园和科研机构在濒危木本植物引种保育、资源利用等方面提供科学参考。

教授级高级工程师

中国植物学会植物园分会原会长

原北京市植物园园长

编写说明

1. 本书以《国家重点保护野生植物名录（2021 年版）》、世界自然保护联盟（IUCN）红色名录（网络版）和我国十余个省级重点保护野生植物名录为参考（以正式发布为准），收录国家植物园（北园）目前露地保存的珍稀濒危木本植物，共计 33 科 53 属 70 种。

2. 本书裸子植物科属排列参考杨永裸子植物分类系统（2022 年），被子植物科属排序参考 APG IV 系统（2016 年）；属下植物按种加词首字母升序排列。

3. 本书植物学名及中文名、形态特征和天然分布主要参考中国植物志网络版（http://www.iplant.cn/frps）。关于植物中文别名，本书仅对使用较广泛且重要的植物别名以脚注形式单独列举，不收录其他中文名称。关于天然分布的地理信息，本书仅对分布范围狭窄的植物分布标明省市级以下地名或区域，其他均标明到省级。

4. 本书涉及国家重点保护野生植物和 IUCN 红色名录中所列植物，均综述了濒危原因；而一些省级重点保护植物从全国乃至全球来看，未达到受威胁程度，因此不列濒危原因项。

5. 凡在《国家重点保护野生植物名录（2021 年版）》和各省级重点保护野生植物名录中明确划定保护等级的，本书均按原名录列出具体等级（例如：国家一级重点保护野生植物）；部分省级名录中未明确保护等级的，本书也未添加。

6. 本书植物 IUCN 受威胁等级根据网站 www.iucnredlist.org 公布的信息确定（截止到 2023 年 10 月 31 日）。DD 为数据缺乏，LC 为无危，NT 为近危，VU 为易危，EN 为濒危，CR 为极危，EW 为野外灭绝。

7. 书中涉及植物引种年份按时间先后顺序排列，引种地按照地名首字的汉语拼音顺序排列，引种时间与引种地不存在对应关系。植物的栽植地点包含园区及科研苗圃（统计时间截止到 2023 年 10 月 31 日）。

8. 编者通过查阅大量图书、文献等资料；结合实地观察记录、拍摄植物的生长现状，力求结合实际工作，对植物进行科学的描述，展现植物园在珍稀濒危植物引种保育工作中 60 多年的成果。但因时间、水平有限，难免会有疏漏，请各位专家学者指正。

9. 本书的编写得到了植物园专项科研经费的支持。本书的完成，特别感谢魏钰老师对本书科学性的指导。感谢原北京市植物园园长张佐双老师，对课题组工作的认可，并承蒙他为本书作序。感谢郭翎老师，在课题组遇到困难时不断鼓励和支持。此外，还要感谢刘东燕、刘东焕、王康、曹颖、孙宜、周达康、陈红岩、张蕾、邓莲、温韦华、陈燕、孟昕、樊金龙、董知洋等同事的无私帮助！

目录
CONTENTS

1 银杏

【学名】 *Ginkgo biloba* L.

【科属】 银杏科 Ginkgoaceae 银杏属 *Ginkgo*

【保护级别】 国家一级保护植物；IUCN 级别：EN

【形态特征】 落叶乔木，高达 40 米，胸径可达 4 米；幼树树皮浅纵裂，大树皮呈灰褐色，深纵裂，粗糙；一年生的长枝淡褐黄色，二年生以上变为灰色，并有细纵裂纹；短枝密被叶痕，黑灰色。叶扇形，有长柄，淡绿色，无毛，有多数叉状并列细脉，顶端宽 5～8 厘米，柄长 3～10（多为 5～8）厘米，叶在一年生长枝上螺旋状散生，在短枝上 3～8 叶呈簇生状，秋季落叶前变为黄色。球花雌雄异株，单性，生于短枝顶端的鳞片状叶腋内，呈簇生状；雄球花柔黄花序状，下垂，雄蕊排列疏松，具短梗，花药常 2 个，长椭圆形，药室纵裂，药隔不发达；雌球花具长梗，梗端常分两杈，稀 3～5 杈

全株

景观

或不分枝，每枝顶生一盘状珠座，胚珠着生其上。种子具长梗，下垂，常为椭圆形、长倒卵形、卵圆形或近圆球形，长2.5～3.5厘米，径2厘米，外种皮肉质，熟时黄色或橙黄色，外被白粉，有臭味；中种皮白色，骨质，具2～3条纵脊；内种皮膜质，淡红褐色。花期3—4月，种子9—10月成熟。

种子枝

【天然分布】　中国特有。分布于重庆南川区，贵州凤冈、务川和浙江天目山西地区（杨永川等，2011）。

【海拔与生境】　生长于海拔500～1 200米、酸性（pH值5～5.5）黄壤、排水良好地带的落叶阔叶林中。

【濒危原因】　因第三纪气候变化及地史因素，导致第四纪冰川时期银杏大量灭绝。植株成熟期晚，自然条件下个体成熟期20年左右。因种子体积过大，不利于传播。种子具有深度休眠特性，在林下凋落层很难萌发。天然林中，幼苗因光和凋落物等在环境筛的作用下，成苗率低。目前，萌枝繁殖成为种群的主要更新模式，种群很难扩大。现存的天然银杏林中，部分人为干扰严重，不利于种群天然更新（Hohmann et al.，2018；Liu et al.，2018）。

【物种价值】　银杏是现存裸子植物中最古老的孑遗植物，是银杏纲现存的唯一成员，距今有近3亿年的历史。银杏具有许多原始性状，对研究植物系统发育、古植物区系、古地理及第四纪冰川气候有重要价值。

干

银杏具有很高的经济价值和药用价值。其木材细致、轻软，可以供建筑、家具、室内装饰、雕刻、绘图版等用。种子供食用及药用，具有杀菌、止咳、润肺等疗效。叶片富含黄酮、内酯、聚戊烯醇、多糖、有机酸和烷基酚酸等生物活性物质，具有抗氧化、清除自由

雌球花　　　　　　　　　　　　　　　　　雄球花

基、改善循环、抗血小板聚集、保护神经系统等药理作用，可用于治疗心脑血管疾病。叶片还可以制成杀虫剂及肥料使用。花粉具有抗衰老功效，可作为化妆品、药品及保健品的原材料。银杏树形优美、叶形奇特。春夏季叶色嫩绿，秋季叶色金黄，十分美观，是著名的庭院树与行道树。

【繁殖方式】 银杏的繁殖分为有性繁殖和无性繁殖。有性繁殖以种子繁殖为主，种子存在休眠特性，低温层积处理、赤霉素溶液浸泡、秋季播种、雪藏等均可以打破种子休眠，种子发芽率50%～60%。无性繁殖可分为扦插、嫁接、组织培养等方式。实际生产中多以扦插繁殖为主，江苏地区6月中旬选取半木质化插条，进行嫩枝扦插。IBA溶液能够促进插条生根，生根率90%左右（姜宗庆等，2014）。

【引种情况】 原北京市植物园（以下简称为：植物园）建园之前，已经有一些银杏在园区栽植，园内现有银杏古树6株。植物园建园后，结合园区建设多次引种银杏苗木。

【园区栽植地点】 树木区、卧佛寺广场、卧佛寺内、展览温室周边等多处。

叶面　　　　　　　　　　　　　　　　　　叶背

2　粗榧

【学名】　*Cephalotaxus sinensis*（Rehder & E. H. Wilson）H. L. Li

【科属】　三尖杉科 Taxaceae 三尖杉属 *Cephalotaxus*

【保护级别】　安徽省、重庆市、浙江省重点保护野生植物

【形态特征】　灌木或小乔木，高达 15 米，少为大乔木；树皮灰色或灰褐色，裂成薄片状脱落。叶条形，排列成两列，通常直，稀微弯，长 2～5 厘米，宽约 3 毫米，基部近圆形，几无柄，上部通常与中下部等宽或微窄，先端通常渐尖或微凸尖，稀凸尖，上面深绿色，中脉明显，下面有 2 条白色气孔带，较绿色边带宽 2～4 倍。雄球花 6～7，聚生成头状，径约 6 毫米，总梗长约 3 毫米，基部及总梗上有多数苞片；雄球花卵圆形，基部有 1 枚苞片，雄蕊 4～11 枚，花丝短，花药 2～4（多为 3）个。种子通常 2～5 个着生于轴上，卵圆形、椭圆状卵形或近球形，很少呈倒卵状椭圆形，长 1.8～2.5 厘米，顶端中央有一小尖头。花期 3～4 月，种子 8—10 月成熟。

【天然分布】　中国特有。分布于安徽南部、福建、甘肃（南部及西南部）、广东、广西等地。

【海拔与生境】　多生长于海拔 600～2 200 米的花岗岩、砂岩及石灰岩山地。

全株

【物种价值】　粗榧是第三纪孑遗植物，对三尖杉属的系统发育等研究有着重要价值。粗榧中的生物碱具有抗癌作用；萜烯、类黄酮等物质对肾功能有保护作用，对糖尿病有治疗作用，是很有前途的药用植物。种子油是天然抗氧化物质的优质原料。枝叶提取物具有除草的活性成分。粗榧生长缓慢，耐修剪，具有良好的抗虫和抗寒能力。成年植株树形端正、枝条舒展，是优秀的园林观赏树种（司倩倩，2017）。

【繁殖方式】　粗榧主要依靠种子和扦插繁殖。种子存在深度休眠，采集后低温层积结合赤霉素处理能够促进萌发，种子发芽率30%左右。甘肃天水地区，选取木质化和半木质化枝条配合ABT溶液浸泡处理，插条生根率70%左右（石红等，2007）。

干

【引种情况】　植物园于20世纪70年代，开始引种粗榧。

【园区栽植地点】　盆景园、树木区、樱桃沟入口等多处。

种子枝

雄球花枝

雄球花特写

枝条

3 巨柏

【学名】 *Cupressus gigantea* W. C. Cheng & L. K. Fu

【科属】 柏科 Cupressaceae 柏木属 *Cupressus*

【保护级别】 国家一级重点保护野生植物；IUCN 级别：VU

【形态特征】 常绿乔木，高 30～45 米，胸径 1～3 米，稀达 6 米；树皮纵裂成条状；生鳞叶的枝排列紧密，粗壮，不排成平面，常呈四棱形，稀呈圆柱形，常被蜡粉，末端的鳞叶枝径粗 1～2 毫米，不下垂；二年生枝淡紫褐色或灰紫褐色，老枝黑灰色，枝皮裂成鳞状块片。鳞叶斜方形，交叉对生，紧密排成整齐的四列，背部有钝纵脊或拱圆，具条槽。球果矩圆状球形，长 1.6～2 厘米，径 1.3～1.6 厘米；种鳞 6 对，木质、盾形，顶部平，多呈五角形或六角形，或上部种鳞呈四角形，中央有明显而凸起的尖头，能育种鳞具多数种子；种子两侧具窄翅。

全株

【天然分布】 中国特有。分布范围狭窄，仅分布于西藏雅鲁藏布江中游沿江地区上坡、谷底及支流尼洋河下游地区（陈端，1995；吴兴等，2005）。

【海拔与生境】 多数生长于雅鲁藏布江边海拔 3 000～3 400 米地带，如沿江地段的漫滩、有灰石露头的阶地阳坡的中下部，或者谷地开阔的半阴坡地带。部分能形成稀疏的纯林，或在江边沿水迹线上部成行生长或散生单株分布（罗建等，2006）。

【濒危原因】 巨柏种群天然分布狭窄，多呈带状或者零星分布，且种群间分隔现象明显。巨柏天然林 50～100 年后开始结实，结实极少或者不结实，果实成熟周期长。种子活力只有 34.6% 左右，远低于同属植物；种子发芽率低，只有 32.67%。林下覆盖物过厚，不利于种子萌发。部分幼树生长地点地势过低，容易被水冲走。林下过度放牧、樵采及保护区内人员活动频繁、动物取食种子等均对巨柏种群天然更新造成了负面影响（王景升等，2005；扎西次仁，2008；辛福梅等，2017）。

【物种价值】 巨柏对研究柏科植物的系统发育及青藏高原地史变化、气候变迁和植被发展等有重要意义。巨柏材质优良、纹理通直、有光泽、芳香，是上等的用材树种，可用于建筑、桥梁、造船、家具等。巨柏树龄可达 2 000 年以上，其成年林木胸径 1～3 米，最大可达 6 米，是我国现存柏科树种中树龄最长、胸径最大的巨树，具有特殊的生态价值。植株抗旱性强，可作为雅鲁藏布江下游的造林树种。树干挺拔，枝叶浓密，也可作为园林绿化树种使用（尹金迁和赵恳田，2019）。

【繁殖方式】 巨柏主要依靠种子繁殖。种子不存在休眠特性，光照对种子萌发有促进作用。适宜萌发的温度为 15～25℃，适宜的基质湿度 60% 左右，种子发芽率 48%～58%（常馨月等，2019，2021）。

【引种情况】 植物园于 1985 年、2020 年，先后从西藏、长春等地引种巨柏种子和小苗。

【园区栽植地点】 科研苗圃。

枝干

枝条

4 圆柏

【学名】 *Juniperus chinensis* L.

【科属】 柏科 Cupressaceae 刺柏属 *Juniperus*

【保护级别】 浙江省重点保护野生植物

【形态特征】 乔木，高达 20 米，胸径达 3.5 米；树皮深灰色，纵裂，成条片开裂；幼树的枝条通常斜上伸展，形成尖塔形树冠，老树则下部大枝平展，形成广圆形的树冠；树皮灰褐色，纵裂，裂成不规则的薄片脱落；小枝通常直或稍呈弧状弯曲，生鳞叶的小枝近圆柱形或近四棱形，径 1～1.2 毫米。叶二型，即刺叶及鳞叶；刺叶生于幼树之上，老龄树则全为鳞叶，壮龄树兼有刺叶与鳞叶；生于一年生小枝的一回分枝的鳞叶三叶轮生，直伸而紧密，近披针形，先端微

全株

渐尖，长 2.5～5 毫米，背面近中部有椭圆形微凹的腺体；刺叶三叶交互轮生，斜展，疏松，披针形，先端渐尖，长 6～12 毫米，上面微凹，有两条白粉带。雌雄异株，稀同株，雄球花黄色，椭圆形，长 2.5～3.5 毫米，雄蕊 5～7 对，常有花药 3～4 个。球果近圆球形，径 6～8 毫米，两年成熟，熟时暗褐色，被白粉或白粉脱落，有 1～4 粒种子。

雄球花枝

球果枝

【天然分布】　国内，分布于安徽、福建、甘肃南部、广东、广西北部、贵州、河北、黑龙江；国外，分布于朝鲜、俄罗斯东部、缅甸、日本。

【海拔与生境】　多生长于海拔 1 400～2 300 米的山区。

【物种价值】　圆柏在我国有悠久的栽培历史，成年植株耐阴、耐寒、耐热、耐干旱瘠薄，对土壤要求不严格，对有害气体有抗性并对重金属有良好的富集作用，具有良好的生态作用。其木材坚韧致密、耐腐力强、有香气，可作房屋建筑、家具、文具及工艺品等用材。树根、树干及枝叶是提取柏木脑及柏木油的原料。枝叶入药，能祛风散寒，活血消肿、利尿。种子可提润滑油。圆柏树形优美，是优秀的庭园树种。植株耐修剪，

干

可作绿篱或者绿雕塑，也可作树桩盆景材料（程佳雪，2020）。

【繁殖方式】　圆柏主要依靠种子和扦插繁殖。圆柏种子存在休眠特性，播种前，低温层积或者室外层积处理能够促进种子萌发。山西地区，选取二三年生枝条作为插穗与月季混插，插条生根率 80% 左右（雷淑慧等，2008）。

【引种情况】　植物园建园之前，已经有一些圆柏在园区栽植，园内现有圆柏古树79 株。植物园建园后，结合园区建设多次引种圆柏苗木。

【园区栽植地点】　月季园、牡丹园、树木区、展览温室周边等多处。

刺叶

鳞叶

5　水杉

【学名】　*Metasequoia glyptostroboides* Hu & W. C. Cheng

【科属】　柏科 Cupressaceae 水杉属 *Metasequoia*

【保护级别】　国家一级重点保护野生植物；IUCN 级别：EN

【形态特征】　落叶乔木，高达 35 米；树干基部常膨大；树皮灰色、灰褐色或暗灰色，幼树裂成薄片脱落，成年后，裂成长条状脱落。一年生枝光滑无毛，幼时绿色，后渐变成淡褐色，二三年生枝淡褐灰色或褐灰色；侧生小枝排成羽状，长 4～15 厘米，冬季凋落；叶条形，长 0.8～3.5（常 1.3～2）厘米，宽 1～2.5（常 1.5～2）毫米，叶面淡绿色，叶背色较淡，沿中脉有两条较边带稍宽的淡黄色气孔带，每带有 4～8 条气孔线，叶在侧生小枝上列成二列，羽状，冬季与枝一同脱落。雄球花在枝条顶部的花序轴上交互对生及顶生，排成总状或圆锥状花序，通常长 15～25 厘米，雄蕊约 20，

景观

花药 3，药隔显著；雌球花单生侧生小枝顶端，珠鳞 9～14 对，各具 5～9 胚珠。球果下垂，近四棱状球形或矩圆状球形，成熟前绿色，熟时深褐色，长 1.8～2.5 厘米，径 1.6～2.5 厘米。花期 2 月下旬，球果 11 月成熟。

【天然分布】 中国特有。分布于重庆石柱、湖北（磨刀溪、水杉坝一带）、湖南西北部龙山（王希群等，2004）。

【海拔与生境】 生长于海拔 750～1 500 米地区，集中分布于海拔 1 000～1 400 米地带。生长于河流两旁、湿润山坡及沟谷底部，30° 以下的缓坡地带。土壤多为泥质页岩发育成的山地黄壤和山地棕黄壤（吴漫玲等，2020）。

干

【濒危原因】 气候变化是水杉分布狭窄的主要原因。个体成熟晚，植株在天然条件下生长 20～30 年后才能正常结实。成年植株结实量少，种子空瘪率高达 90% 以上；种子体积较小，含营养物质少，萌发力弱；原生地春季的温度过低、林下落叶层过厚，不利于种子萌发；种群内部，幼龄个体存活率低，仅仅占种群个体总数的 4.5%。部分水杉野生林附近种植农作物、修建道路等人为干扰，对水杉种群天然更新有负面影响（辛霞等，2004；林勇等，2017；王思思，2017）。

【物种价值】 水杉对古植物、古气候、古地理和地质学以及裸子植物系统发育的研究均具有重要意义。水杉生长迅速，树形高大笔直，材质轻软，纹理直，可作为建筑、造船、家具制造的优质材料；还可以作为纸浆原料使用。叶片中含有多种黄酮类化合物，对心肌细胞有保护作用；种子油中含有多种活性物质，具有抗炎抑

枝条

菌等作用，可作为多种药物的主要原料。水杉树姿挺拔优美，枝叶繁茂，适应性强，既是广泛种植的园林绿化树种，也是著名的庭园树种（田伟等，2006）。

【繁殖方式】　水杉的繁殖主要以种子和扦插繁殖为主。水杉种子不存在休眠特性，光照会抑制种子萌发。播种前浸种48个小时能够有效促进种子萌发；种子最佳萌发温度24～28℃，种子发芽率14%～16%。扦插繁殖分为春秋季硬枝扦插和夏季嫩枝扦插，IBM溶液和ABT溶液能够促进插条生根，插条生根率与母树年龄有一定关系。还可以利用嫁接、组织培养等方法繁殖苗木（邓莎等，2020）。

【引种情况】　植物园从20世纪70年代开始水杉的引种工作，1972年从水杉坝引进种子开展播种实验，1974—1975年大量水杉苗木在樱桃沟试种。

【园区栽植地点】　澄碧湖北岸及樱桃沟。

球果枝

雄球花序及球果

6 侧柏

【学名】 *Platycladus orientalis*（L.）Franco

【科属】 柏科 Cupressaceae 侧柏属 *Platycladus*

【保护级别】 IUCN 级别：NT

【形态特征】 乔木，高达 20 余米，胸径
1 米；树皮薄，浅灰褐色，纵裂成条片；枝条向
上伸展或斜展，幼树树冠卵状尖塔形，老树树
冠则为广圆形；生鳞叶的小枝细，向上直展或
斜展，扁平，排成一平面。叶鳞形，长 1～3 毫
米，先端微钝，小枝中央叶的露出部分呈倒卵
状菱形或斜方形，背面中间有条状腺槽，两侧
的叶船形，先端微内曲，背部有钝脊，尖头的
下方有腺点。雄球花黄色，卵圆形，长约 2 毫
米；雌球花近球形，径约 2 毫米，蓝绿色，被
白粉。球果近卵圆形，长 1.5～2（2.5）厘米，成熟前近肉质，蓝绿色，被白粉，成熟
后木质，开裂，红褐色；中间两对种鳞倒卵形或椭圆形，鳞背顶端的下方有一向外弯
曲的尖头，上部 1 对种鳞窄长，近柱状，顶端有向上的尖头，下部 1 对种鳞极小，长
达 13 毫米，稀退化而不显著；种子
卵圆形或近椭圆形，顶端微尖，灰
褐色或紫褐色，长 6～8 毫米，稍有
棱脊，无翅或有极窄之翅。花期 3—
4 月，球果 10 月成熟。

全株

【天然分布】 国内，分布于甘
肃、河北、河南、陕西、山西、内蒙
古。国外，分布于俄罗斯、韩国、塔
吉克斯坦、乌兹别克斯坦[①]。

【海拔与生境】 主要生长于海拔
300～3 300 米的石灰岩山地阳坡地带。

球果枝

① 2023-11-3. http://dx.doi.org/10.2305/IUCN.UK.2013-1.RLTS.T31305A2803944.en.

干

雄球花枝

【濒危原因】　侧柏天然林分布不连贯，且多呈零星分布，种群间距离较远，造成植株生殖受阻。种间竞争激烈，不利于幼树生长。种群中成年植株少，影响种群的天然更新速度。人为破坏严重，加剧了种群的碎片化，导致种群天然更新缓慢（史宇等，2008）。

【物种价值】　侧柏具有耐寒、耐旱、耐贫瘠、寿命长等特点，具有良好的生态价值，是我国常用的绿化树种，还是北京市的市树之一。木材富树脂、材质细密、纹理斜行、耐腐力强、坚实耐用，可供建筑、器具、家具、农具及文具等用材。叶片含有黄酮类、萜类、挥发油类等物质，具有止血、抗菌、抗炎、抗肿瘤、抗氧化、降血脂、促进毛发生长等多种功效（苗慧，2018）。

鳞叶

【繁殖方式】　侧柏主要依靠种子繁殖和扦插繁殖。因种子存在休眠特性，播种前需要提前处理。赤霉素处理和低温层积处理可以解除种子休眠，促进种子萌发；种子的最佳萌发温度25℃，种子发芽率80%。扦插繁殖是实现侧柏良种规模化和专业化生产的主要繁殖手段。选取一年生半木质化枝条或者木质化枝条作为插条，于5—6月或者11月扦插，配合生根粉处理有利于插条生根，生根率50%～85%（梁荣纳等，1989；安嘉雯，2021）。

【引种情况】　植物园建园之前，已经有一些侧柏在园区内栽植，园内现有侧柏古树393株。现园区内一部分侧柏为1958年，香山地区植树造林期间栽植。

【园区栽植地点】　牡丹园、卧佛寺、树木区等多处。

7　杉松 ①

【学名】　*Abies holophylla* Maxim.

【科属】　松科 Pinaceae 冷杉属 *Abies*

【保护级别】　吉林省一级重点保护野生植物；IUCN 级别：NT

【形态特征】　乔木，高达 30 米，胸径达 1 米；树皮灰褐色或暗褐色；一年生枝淡黄灰色或淡黄褐色，二三年生枝呈灰色、灰黄色或灰褐色。叶在果枝下面列成两列，上面的叶斜上伸展，在营养枝上排成两列；条形，直伸或呈弯镰状，长 2～4 厘米，宽 1.5～2.5 毫米，先端急尖或渐尖，叶面深绿色、有光泽，叶背沿中脉两侧各有 1 条白色气孔带。球果圆柱形，长 6～14 厘米，径 3.5～4 厘米，近无梗，熟时淡黄褐色或淡褐色；中部种鳞近扇状四边形或倒三角状扇形；苞鳞短，长不及种鳞的一半，不露出，楔状倒卵形或倒卵形；种子倒三角状，长 8～9 毫米，种翅宽大，淡褐色，较种子为长，长方状楔形，先端平截，宽约 1.1 厘米，下部微窄，边缘有细波状缺刻，连同种子长约 2.4 厘米。花期 4—5 月，球果 10 月成熟。

全株

【天然分布】　国内，分布于黑龙江、吉林、辽宁。国外，分布于朝鲜、俄罗斯。

【海拔与生境】　主要生长于海拔 500～1 200 米土层深厚的阴坡，阳坡较少见。常组成针叶林或针阔叶混交林。

---

①　杉松，又名沙松、杉木、辽东冷杉等。

干

【濒危原因】　人为过度砍伐，导致杉松生境片段化严重。很多天然林正由成熟林向幼林转变。由于幼苗生长缓慢，部分地区甚至被天然阔叶林替代（腰政懋，2015）。

【物种价值】　杉松寿命长、抗病虫害能力强、生长迅速，是东北林区重要用材树种之一。其木材黄白色，纹理直，耐腐力较强，可供建筑、枕木、板材、家具等用材。木材纤维量高、纸浆质量好，是优良的造纸原料。树皮可提取栲胶，种子和针叶可提取芳香油。其树干通直、树形端正，树姿美观，是优秀的园林绿化树种（张永久，2013）。

【繁殖方式】　杉松主要依靠种子和扦插繁殖苗木。种子存在休眠现象，吉林地区低温层积和雪藏处理均可以促进种子萌发。杉松春季采用硬枝扦插、夏季采用嫩枝扦插，配合 ABT 1 号生根粉能够促进插条生根，嫩枝扦插生根率高于硬枝扦插，插条生根率 64% 左右。还可以利用嫁接、组织培养方法繁殖苗木（赵永重等，2016）。

【引种情况】　植物园于 1977 年，开始引种杉松种子。

【园区栽植地点】　西南门附近、梁启超墓园西侧、宿根园。

枝条

针叶

8 华北落叶松

【学名】 *Larix gmelinii* var. *principis-rupprechtii*（Mayr）Pilger

【科属】 松科 Pinaceae 落叶松属 *Larix*

【保护级别】 北京市重点保护野生植物

【形态特征】 乔木，高达 30 米，胸径 1 米；树皮暗灰褐色，不规则纵裂，呈小块片脱落；枝平展，具不规则细齿；苞鳞暗紫色，近带状矩圆形，长 0.8～1.2 厘米，基部宽，中上部微窄，先端圆截形，中肋延长成尾状尖头，仅球果基部苞鳞的先端露出；种子斜倒卵状椭圆形，灰白色，具不规则的褐色斑纹，长 3～4 毫米，径约 2 毫米，种翅上部三角状，中部宽约 4 毫米，种子连翅长 1～1.2 厘米；子叶 5～7 枚，针形，长约 1 厘米，叶背无气孔线。花期 4—5 月，球果 10 月成熟。

【天然分布】 中国特有。分布于北京、河南西北部及山西。

【海拔与生境】 生长于海拔 600～2 800 米，集中生长于海拔 1 800～2 800 米地带，多与针叶及阔叶林中混生，或成小面积单纯林。

【物种价值】 华北落叶松分布广泛，是华北地区针叶林的主要建群树种之一。植株生长快，抗性强，并有保土、防风的效能，是华北、东北及黄河流域亚

全株

球果枝

高山地区重要的森林更新和造林树种。其树干通直，木材淡黄色或淡褐色，材质坚硬、耐腐朽，含树脂，耐久用，可供建筑、桥梁、电杆、舟车、器具、家具、木纤维工业原料等用。树干可割取树脂，树皮可提取栲胶（岳永杰等，2008）。

【繁殖方式】　华北落叶松可分为有性及无性繁殖。有性繁殖为种子繁殖，播种前需将种子浸于45℃温水中24小时，以促进种子萌发，种子发芽率可达81.11%；无性繁殖以扦插繁殖为主，嫩枝生长高峰过后，立即采穗扦插生根效果最好，扦插生根率可达80%左右。此外，也可利用华北落叶松当年生嫩茎段为外植体进行组织培养扩繁（杨俊明等，2002；王志波等，2012）。

【引种情况】　植物园于1977年，从呼和浩特引种华北落叶松小苗。

【园区栽植地点】　梁启超墓南侧、木兰园北侧。

干

枝条

9 白杆

【学名】 *Picea meyeri* Rehder & E. H. Wilson

【科属】 松科 Pinaceae 云杉属 *Picea*

【保护级别】 北京市、河北省重点保护野生植物；IUCN 级别：NT

【形态特征】 乔木，高达 30 米，胸径约 60 厘米；树皮灰褐色，裂成不规则薄块片脱落；大枝近平展，树冠塔形；小枝有密生或疏生短毛或无毛，一年生枝黄褐色，二三年生枝淡黄褐色、淡褐色或褐色；冬芽圆锥形，间或侧芽呈卵状圆锥形，褐色，微有树脂，光滑无毛，基部芽鳞有背脊，上部芽鳞的先端常微向外反曲，小枝基部宿存芽鳞的先端微反卷或开展。主枝之叶常辐射伸展，侧枝上面之叶伸展，两侧及下面之叶向上弯伸，四棱状条形，微弯曲，长 1.3～3 厘米，宽约 2 毫米，先端钝尖或钝，横切面四棱形，四面有白色气孔线，叶面 6～7 条，叶背 4～5 条。球果成熟前绿色，成熟时褐黄色，矩圆状圆柱形，长 6～9 厘米，径 2.5～3.5 厘米；中部种鳞倒卵形，长约 1.6 厘米，宽约 1.2 厘米，先端圆或钝三角形，下部宽楔形或微圆，鳞背露出部分有条纹；种子倒卵圆形，长约 3.5 毫米，种翅淡褐色，倒宽披针形，连种子长约 1.3 厘米。花期 4 月，球果 9 月下旬至 10 月上旬成熟。

全株

球果枝

【天然分布】 中国特有。分布于北京、甘肃南部、河北、内蒙古、陕

干

西、山西。

【海拔与生境】 生长于海拔 1 600～2 700 米地带。多生长于阴山坡，常与针叶树种及阔叶树种形成以白杆为主的混交林。

【濒危原因】 全球气候变暖是导致白杆分布区不断缩小的主要原因（吴晓萌，2022）。

【物种价值】 白杆具有原始的线粒体单倍型A，对研究云杉属系统演化、华北地区物种分布格局及历史成因具有宝贵的科研价值。白杆是当地森林的主要建群种，是我国优秀造林树种之一。白杆木材黄白色，柔韧性强，材质轻软，纹理通直，结构细致，可供建筑、工业、家具及木纤维工业原料等用材，也是造纸的原料之一。树形优美，四季常绿，叶色奇特，在园林中可孤植成景，丛植也可长期保持郁闭度，是优良的园林绿化树种（王玲，2021）。

【繁殖方式】 白杆繁殖可分为种子繁殖和无性繁殖。种子繁殖，以春季播种为主。无性繁殖方法包括组织培养、扦插等，以成熟胚为外植体进行组织培养繁殖，可快速建立无性繁殖体系；扦插繁殖中，插穗经过激素处理，成活率达 70% 左右（张强和齐斌，2017）。

【引种情况】 植物园于 1980—1981 年，从雾灵山等地引种白杆种子。

【园区栽植地点】 牡丹园、月季园等多处。

雌球花枝

雄球花枝

10 青杆

【学名】 *Picea wilsonii* Mast.

【科属】 松科 Pinaceae 云杉属 *Picea*

【保护级别】 北京市、河北省重点保护野生植物

【形态特征】 乔木，高达 50 米，胸径达 1.3 米；树皮灰色或暗灰色，裂成不规则鳞状块片脱落；枝条近平展，树冠塔形；一年生枝淡黄绿色或淡黄灰色，无毛，稀有疏生短毛，二三年生枝淡灰色、灰色或淡褐灰色；冬芽卵圆形，无树脂，芽鳞排列紧密，淡黄褐色或褐色，先端钝，背部无纵脊，光滑无毛，小枝基部宿存芽鳞的先端紧贴小枝。叶排列较密，在小枝上部向前伸展，小枝下部之叶向两侧伸展，四棱状条形，直或微弯，较短，通常

全株

长 0.8～1.3（1.8）厘米，宽 1.2～1.7 毫米，先端尖，横切面四棱形或扁菱形，四面各有气孔线 4～6 条，微具白粉。球果卵状圆柱形或圆柱状长卵圆形，成熟前绿色，熟时黄褐色或淡褐色，长 5～8 厘米，径 2.5～4 厘米；中部种鳞倒卵形，长 1.4～1.7 厘

球果枝

米，宽 1～1.4 厘米，先端圆或有急尖头，或呈钝三角形，或具突起截形之尖头，基部宽楔形，鳞背露出部分无明显的槽纹，较平滑；苞鳞匙状矩圆形，先端钝圆，长约 4 毫米；种子倒卵圆形，长 3～4 毫米，连翅长 1.2～1.5 厘米，种翅倒宽披针形，淡褐色，先端圆；子叶 6～9 枚，条状钻形，长 1.5～2 厘米，棱上有极细的齿毛；初生叶四棱状条形，长 0.4～1.3 厘米，先端有渐尖

干

的长尖头，中部以上有整齐的细齿毛。花期4月，球果10月成熟。

【天然分布】　中国特有。分布于北京、甘肃、河北、湖北西部、内蒙古、陕西南部、山西、四川。

【海拔与生境】　天然生长于海拔600～3600米。常成单纯林或与其他针叶树、阔叶树种混生成林，多生长于山坡、阴坡及阴湿山谷或河谷地带（王飞，2015）。

【物种价值】　青杆适应性强，具有调节气候、防止水土流失、涵养水源等生态功能，是优秀的造林树种之一。花粉营养丰富，含有大量维生素A、氨基酸、核糖核酸、黄酮等，可应用于药品、保健品及化妆品等领域。青杆生长迅速，木材纹理通直，材质优良，可作工业、建筑、工程、家具等原材料。青杆四季常青、枝叶繁茂，树形挺拔优美，既可以孤植，也可以群植，广泛应用于公园、绿地、学校等多种场所，具有良好的观赏效果（马丹炜，1998）。

【繁殖方式】　青杆可以采用播种繁殖和无性繁殖。种子具有休眠性，采用沙藏、水浸、低温积层处理及雪藏等方法均能促进种子萌发。无性繁殖方法可选用组织培养建立其繁殖体系，选用种子胚为外植体，可成功诱导出愈伤组织，体细胞胚分化率达90%以上，从而建立起无性繁殖体系（杨映根等，1994）。

【引种情况】　植物园于1974年、1979年、1980年，引种青杆种子和小苗。

【园区栽植地点】　牡丹园、月季园等多处。

雌球花枝

雄球花枝

11 白皮松

【学名】 *Pinus bungeana* Zucc. ex Endl.

【科属】 松科 Pinaceae 松属 *Pinus*

【保护级别】 河南省重点保护野生植物

【形态特征】 乔木，高达30米，胸径可达3米；有明显的主干，或从树干近基部分成数干；枝较细长，斜展，形成宽塔形至伞形树冠；幼树树皮光滑，灰绿色，长大后树皮呈不规则的薄块片脱落，老则树皮呈淡褐灰色或灰白色，裂成不规则的鳞状块片脱落，脱落后近光滑，白褐相间呈斑鳞状；一年生枝灰绿色，无毛；针叶3针1束，粗硬，长5～10厘米，径1.5～2毫米，叶背及腹面两侧均有气孔线，先端尖，边缘有细锯齿；横切面扇状三角形或宽纺锤形，单层皮下层细胞，在背面偶尔出现

全株

1～2个断续分布的第二层细胞，树脂道6～7，边生，稀背面角处有1～2个中生；雄球花卵圆形或椭圆形，长约1厘米，多数聚生于新枝基部呈穗状，长5～10厘米。球果通常单生，初直立，后下垂，成熟前淡绿色，熟时淡黄褐色，卵圆形或圆锥状卵圆形，长5～7厘米，径4～6厘米，有短梗或几无梗；种鳞矩圆状宽楔形，先端厚，鳞盾近菱形，有横脊，鳞脐生于鳞盾的中央，明显，三角状，顶端有刺，刺之尖头向下反曲，稀尖头不明显；种子灰褐色，近倒卵圆形，长约1厘米，径5～6毫米，种翅短，赤褐色，有关节易脱落，长约5毫米；子叶9～11枚，针形，长3.1～3.7厘米，宽约1毫米，初生叶窄条形，长1.8～4厘米，宽不及1毫米，上下面均有气孔线，边缘有细锯齿。花期4—5月，球果翌年10—11月成熟。

球果枝

【天然分布】　中国特有。分布于甘肃、河南西部、湖北西部、陕西、山东、山西、四川。

【海拔与生境】　生长于海拔 500～1 800 米地带。常与针叶树种混交，也有小面积纯林（赵焱等，1995）。

【物种价值】　白皮松耐瘠薄、抗风沙、抗旱能力强、抗污能力广，是我国北方及西北地区优质造林树种，具有宝贵的生态价值。白皮松还具有很高的经济价值，其花粉、针叶含有多种对人体有益的营养成分及生物活性物质；松脂及针叶含有多种化学成分，可应用于化工业。木材纹理直，有光泽，可供房屋建筑、家具、文具等用材。白皮松寿命长，树龄可达数百年之久，树姿挺拔，冠形优美、树皮奇特、斑驳且白绿相间，可以孤植、对植、群植、配植等多种形式应用于园林及城市绿化中，具有很高的园林观赏价值（薄楠林等，2008）。

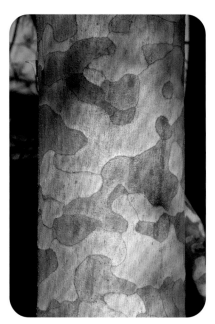

干

【繁殖方式】　白皮松的繁殖方法可分为种子繁殖及无性繁殖。由于种子的内、外种皮及胚乳含有萌发抑制物质，导致种子存在生理性休眠，须经过物理及化学方法打破种子休眠。无性繁殖中，扦插繁殖可采用植物生长调节剂处理插穗，提高插穗生根率，也可采用组织培养等无性繁殖方法进行繁殖，即以白皮松的胚为外植体进行离体培养，建立快繁体系（郭聪聪等，2019）。

【引种情况】　植物园建园之前，已经有一些白皮松在园区栽植，园区现有白皮松古树 24 株。植物园建园后，结合园区建设多次引种白皮松苗木。

【园区栽植地点】　牡丹园、梁启超墓园、树木区、展览温室周边等多处。

雄球花枝

12 红松

【学名】 *Pinus koraiensis* Siebold & Zuccarini

【科属】 松科 Pinaceae 松属 *Pinus*

【保护级别】 国家二级重点保护野生植物

【形态特征】 乔木,高达50米;树皮灰褐色或灰色,纵裂成不规则的长方鳞状块片,裂片脱落后露出红褐色的内皮;一年生枝密被黄褐色或红褐色柔毛。针叶5针1束,长6～12厘米,粗硬,直,深绿色,背面通常无气孔线,腹面每侧具6～8条淡蓝灰色的气孔线;横切面近三角形,树脂道3个,中生,位于3个角部。雄球花椭圆状圆柱形,红黄色,长7～10毫米,多数密集于新枝下部呈穗状;雌球花绿褐色,圆柱状卵圆形,直立,单生或数个集生于新枝近顶端,具粗长的

全株

景观

干

梗。球果圆锥状卵圆形、圆锥状长卵圆形或卵状矩圆形，长 9～14 厘米，径 6～8 厘米，梗长 1～1.5 厘米，成熟后种鳞不张开，或稍微张开而露出种子，种子不脱落；种鳞菱形，上部渐窄而开展，先端钝，向外反曲，鳞盾黄褐色或微带灰绿色，三角形或斜方状三角形，下部底边截形或微成宽楔形，表面有皱纹，鳞脐不显著；种子大，暗紫褐色或褐色，倒卵状三角形，长 1.2～1.6 厘米。花期 6 月，球果翌年 9—10 月成熟。

【天然分布】 国内，分布于黑龙江、吉林。

【海拔与生境】 主要生长于海拔 150～1 800 米、气候温寒、湿润、棕色森林土地带。在小兴安岭南坡的天然林中，除部分地区有红松纯林外，大多与其他针叶树、阔叶树种混生成林。在长白山区及吉林山区海拔 500～1 100 米地带组成以红松为主的针叶树、阔叶树混交林，海拔 1 000～1 600 米地带则组成以红松为主的针叶树混交林。

【濒危原因】 红松属于典型的温带湿润型山地大乔木树种，对气温和水分适应的生态幅比较窄。随着温度升高、降水量减少，红松的分布面积日趋缩小。天然林中，红松个体成熟晚，80～120 年开始结实；红松果实成熟周期长，球果成熟后种鳞不张开，种子无法脱落，不能自行传播。种子需要借助动物传播，而动物传播种子有局限性，导致很多红松种子为无效传播。传播者如鸟类和松鼠数量减少，则更加影响红松的传播；种子具有深休眠性，休眠期长，休眠过程中容易腐烂及遭到动物取食，造成天然种子库数量减少；红松天然林中，种间竞争激烈，光照不良导致幼树生长不良。人为大量砍伐红松林，加剧了红松种群的天然更新缓慢（陶大立等，1995；刘敏，2017）。

【物种价值】 红松为珍贵的用材树种，木材质地轻软，纹理直，结构细，耐腐力强，容易加工，可作为建筑、桥梁、家具及木纤维工业原料等用材。红松是小兴安岭、张广才岭、长白山区及沈阳丹东线以北地区的主要造林树种。种子供食用，营养价值丰富，具有延缓衰老、软化血管、降低血脂、降胆固醇等功效。种子可制作肥皂、油漆、润滑油等，也可作药用。松针精油具有一定的抗氧化、抑菌活性功能，可作天然抑菌剂（樊梓鸾等，2017）。

【繁殖方式】　红松主要依靠播种和扦插繁殖。因种子具有休眠特性，在播种前需要露天低温窖藏处理或者变温层积处理促进种子萌发，种子发芽率80%左右。黑龙江地区扦插时间以5月为宜，插条宜选择5年生母株的节间穗为插穗，苗木生根率可达70%左右（朴楚炳，1995；张凌梅，2015）。

枝条

【引种情况】　植物园于1972年、1979年从辽宁等地引种红松种子和小苗。

【园区栽植地点】　梁启超墓园北侧。

针叶

13　长白松

【学名】 *Pinus sylvestris* var. *sylvestriformis*（Taken.）W. C. Cheng & C. D. Chu

【科属】 松科 Pinaceae 松属 *Pinus*

【保护级别】 国家二级重点保护野生植物

【形态特征】 乔木，高 20～30 米，胸径 25～40 厘米；树干通直平滑，基部稍粗糙，棕褐色带黄，龟裂，下中部以上树皮棕黄色至金黄色，裂成鳞状薄片剥落；冬芽卵圆形，芽鳞红褐色，有树脂；一年生枝淡褐色或淡黄褐色，二三年生枝淡灰褐色或灰褐色。针叶 2 枚一束，长 5～8 厘米，较粗硬，径 1～1.5 毫米。一年生小球果近球形，具短梗，弯曲下垂，种鳞具直伸的短刺；成熟的球果卵状圆锥形，种鳞张开后为椭圆状卵圆形或长卵圆形，长 4～5 厘米，径 3～4.5 厘米，种鳞背部深紫褐色，鳞盾斜方形或不规则 4～5 角形，灰色或淡褐灰色，强隆起，很少微隆起或近平，球果基部种鳞之鳞盾隆起部分向下弯，横

全株

脊明显，纵脊不明显或微明显，鳞脐呈瘤状突起，具易脱落的短刺；种子长卵圆形或三角状卵圆形，长约 4 毫米，连翅长约 2 厘米，种翅淡褐色，有少数褐色条纹，宽约 7 毫米。

【天然分布】 中国特有。分布于吉林长白山地区。

【海拔与生境】 生长于吉林安图长白山北坡海拔 630～1 600 米的二道白河与三道白河沿岸的狭

球果枝

长地段。在二道白河镇附近分布较为集中，组成小片纯林；其余多散生在二道白河和三道白河的阶地上，在林中与红松、长白落叶松等混生。土壤为火山灰上的始成暗棕壤，土层薄、土壤结构差。土壤呈酸性，腐殖质含量低，透水性强（程家友等，2013；张建亮等，2014）。

【濒危原因】 长白松天然分布狭窄，种群数量有限。果实不完全开裂，造成部分种子不能正常脱落。种子存在休眠特性，天然萌发率低；天然林中，林木郁闭度高，幼苗及幼树生长困难，林下条件不利于种子萌发。天然分布地附近，侵占林地或建筑逼近林缘等人为因素，也加剧了长白松天然更新缓慢（张建亮等，2021）。

干

【物种价值】 长白松根系发达、适应能力强，具有耐湿、耐寒、耐干旱瘠薄的特点；抗病虫害和抗烟尘能力较强，可作为防风固沙树种和绿化先锋树种。其主干通直、生长迅速、耐腐蚀、抗酸碱，木材易加工，可用于建筑、桥梁、造船等，是良好的用材树种。长白松树形美观，树干颜色鲜艳，寿命长，具有很高的观赏价值（刘秀丽，2012）。

【繁殖方式】 长白松主要依靠种子繁殖。种子存在休眠特性，黑龙江地区可以利用雪藏法或者种子窖内低温层积处理，促进种子萌发。4—5月大田播种，种子发芽率70%～90%（裴艳春，2016）。

【引种情况】 植物园于1973年、1975年、1977年，从长春、哈尔滨等地引种长白松种子和小苗。

枝条

【园区栽植地点】 梁启超墓园西侧。

14　油松

【学名】　*Pinus tabuliformis* Carriere

【科属】　松科 Pinaceae 松属 *Pinus*

【保护级别】　河北省、吉林省三级重点保护野生植物

【形态特征】　乔木，高达 25 米，胸径可达 1 米以上；树皮灰褐色或褐灰色，裂成不规则较厚的鳞状块片，裂缝及上部树皮红褐色；枝平展或向下斜展，老树树冠平顶，小枝较粗，褐黄色，无毛，幼时微被白粉；冬芽矩圆形，顶端尖，微具树脂，芽鳞红褐色，边缘有丝状缺裂。针叶 2 针 1 束，深绿色，粗硬，长 10～15 厘米，径约 1.5 毫米，边缘有细锯齿，两面具气孔线；横切面半圆形，二型层皮下层，在第一层细胞下常有少数细胞形成第二层皮下层，

全株

树脂道 5～8 个或更多，边生，多数生于背面，腹面有 1～2 个，稀角部有 1～2 个中生树脂道，叶鞘初呈淡褐色，后呈淡黑褐色。雄球花圆柱形，长 1.2～1.8 厘米，在新枝下部呈穗状聚生。球果卵形或圆卵形，长 4～9 厘米，有短梗，向下弯垂，成熟前绿色，熟时淡黄色或淡褐黄色，常宿存树上近数年之久；中部种鳞近矩圆状倒卵形，长 1.6～2 厘米，宽约 1.4 厘米，鳞盾肥厚、隆起或微隆起，扁菱形或菱状多角形，横脊显著，鳞脐

球果枝

凸起有尖刺；种子卵圆形或长卵圆形，淡褐色有斑纹，长 6～8 毫米，径 4～5 毫米，连翅长 1.5～1.8 厘米；子叶 8～12 枚，长 3.5～5.5 厘米；初生叶窄条形，长约 4.5 厘米，先端尖，边缘有细锯齿。花期 4—5 月，球果翌年 10 月成熟。

【天然分布】　国内，分布于甘肃、河北、河南、湖北、湖南、吉林、辽宁、内蒙古、宁夏、青海、陕西、山东、山西、四川。国外，分布于朝鲜。

【海拔与生境】　生长于海拔 100～2 600 米地带，多组成单纯林。

【物种价值】　油松是暖温带湿润半湿润气候区的地带性植被，也是我国暖温带森林的主要造林树种之一。成年植株抗逆性强、适应性广，叶常绿且表面积大，萌蘖力强，根系发达，对治理环境污染、涵养水源及改良土壤，均有良好的生态作用。木材心材淡黄红褐色，边材淡黄白色，坚实、耐腐，是优良的工业、建筑、家具等用材。树干含松脂，可提取松节油，树皮可提取栲胶；松节、针叶、花粉均供药用。油松是北方为数不多的乡土常绿树种，是风景区及城市绿化的骨干树种。此外，油松树龄长，树干苍劲嶙峋，是制作盆景及大型桩景的优良素材（张维康等，2015）。

【繁殖方式】　油松的繁殖分为有性繁殖和无性繁殖。有性繁殖以种子繁殖为主，种子存在休眠特性，浸种处理、层积处理、激素处理等，能够促进种子萌发；种子适

干

针叶

雄球花枝

宜的萌发条件为 25℃。无性繁殖方法包括嫁接、扦插、组织培养等方法。油松嫁接可选硬枝嫁接、嫩枝嫁接和短枝嫁接，其中短枝嫁接成活率最高，最高可达 90%。以油松种胚或取成龄油松休眠封顶芽为外植体，亦可快速建立离体繁殖体系（梁荣纳和沈熙环，1989；周建荣，2016）。

【引种情况】 植物园建园之前，已经有一些油松在园区栽植，园内现有油松古树 63 株。现园内部分油松为 1958 年，香山地区封山造林期间栽植。

雌球花枝

【园区栽植地点】 海棠园、集秀园、牡丹园、卧佛寺广场等多处。

15 厚朴

【学名】 *Houpoea officinalis*（Rehder & E. H. Wilson）N. H. Xia & C. Y. Wu

【科属】 木兰科 Magnoliaceae 木兰属 *Houpoea*

【保护级别】 国家二级重点保护野生植物；IUCN 级别：EN

【形态特征】 落叶乔木，高达 20 米；树皮厚，褐色，不开裂；小枝粗壮，淡黄色或灰黄色，幼时有绢毛；顶芽大，狭卵状圆锥形，无毛。叶大，叶柄粗壮，近革质，长圆状倒卵形，先端具短急尖或圆钝，基部楔形，叶面绿色，无毛，叶背灰绿色，被灰色柔毛，有白粉。花白色，芳香；花梗粗短，被长柔毛，盛开时常向外反卷，内两轮白色，倒卵状匙形，长 8～8.5 厘米，宽 3～4.5 厘米，基部具爪，最内轮 7～8.5 厘米，花盛开时中内轮直立；雄蕊约 72 枚，长 2～3 厘米，花药长 1.2～1.5 厘米，内向开裂，花丝长 4～12 毫米，红色；雌蕊群椭圆状卵圆形，长 2.5～3 厘米。聚合果长圆状卵圆形，长 9～15 厘米；蓇葖果具长 3～4 毫米的喙；种子三角状倒卵形，长约 1 厘米。花期 5—6 月，果期 8—10 月。

【天然分布】 中国特有。分布于甘肃东南部、贵州东北部、河南东南部、湖北西部、湖南西南部、陕西南部、四川（中部、东部）。

【海拔与生境】 主要生长于海拔 300～1 500 米山地落叶阔叶林中（杨朝霞，2008）。

全株

【濒危原因】　厚朴主要依靠昆虫传粉，且有效传粉效率低。花粉与柱头间的不亲和导致其存在严重的受精前障碍，造成植物授粉困难。离生心皮雌蕊败育率高，天然生境下花量大，而结实率仅有2.56%。种子具有休眠性，外种皮革质影响种子吸水并含有抑制物，影响种子萌发。林下生长条件不适合种子萌发及幼苗生长；种间竞争激烈，幼苗死亡率高。由于生境破坏和人为过度砍伐，加剧了厚朴种群碎片化的趋势，导致种群遗传多样性减少及天然更新缓慢（王洁等，2013；谭美等，2018；杨旭，2019）。

【物种价值】　厚朴对研究我国植物区系及木兰科植物的演化具有重要的科学意义。厚朴是我国名贵的药用木本植物之一，具有极高的药用价值。树皮有效成分主要是酚类物质和生物碱，具有抗菌、抗病毒、抗过敏、影响胃肠活动、保护中枢神经和降血压等作用。花亦可入药，功效同皮，但药效稍弱；果实可以治疗胃胀；种子有明目益气的功效，含油量35%，还可榨油制作肥皂。叶中含有抑菌活性成分，可以制作高效低毒的植物源农药。木材纹理通直、轻软细密，可供建筑、家具、雕刻、乐器制作等用材。厚朴花大，洁白芳香，叶形美观，奇特，可作庭园观赏树种及行道树种（郑志雷，2010；张淑洁和钟凌云，2013）。

干

果枝

花枝

【繁殖方式】 厚朴的繁殖方法为有性繁殖及无性繁殖。由于厚朴的种子具有休眠性，播种前先对种子进行沙藏处理并去除种皮，采用层积处理法，施用外源激素打破种子休眠，种子发芽率可达 70%。无性繁殖可选厚朴侧枝顶芽作为外植体，建立组织培养快繁体系（童再康等，2002）。

【引种情况】 植物园于 1982 年，开始引种厚朴种子。

【园区栽植地点】 科研苗圃。

叶面

叶背

16　领春木

【学名】　*Euptelea pleiosperma* J. D. Hooker & Thomson

【科属】　领春木科 Eupteleaceae　领春木属 *Euptelea*

【保护级别】　安徽省、河北省、河南省、山西省重点保护野生植物

【形态特征】　落叶灌木或小乔木，高 2～15 米；树皮紫黑色或棕灰色；小枝无毛，紫黑色或灰色；芽卵形，鳞片深褐色，光亮。叶纸质，卵形或近圆形，少数椭圆卵形或椭圆披针形，长 5～14 厘米，宽 3～9 厘米，先端渐尖，有一突生尾尖，长 1～1.5 厘米，基部楔形或宽楔形，边缘疏生顶端加厚的锯齿，下部或近基部全缘，叶面无毛或散生柔毛后脱落，仅在脉上残存，叶背无毛或脉上有伏毛，脉腋具丛毛，侧脉 6～11 对；叶柄长 2～5 厘米，有柔毛后脱落。花丛生；花梗长 3～5 毫米；苞片椭圆形，早落；雄蕊 6～14，长 8～15 毫米，花药红色，比花丝长，药隔附属物长 0.7～2 毫米；心皮 6～12，子房歪形，长 2～4 毫米，柱头面在腹面或远轴，斧形，具微小黏质突起，有 1～3（4）胚珠。翅果长 5～10 毫米，宽

全株

3～5 毫米，棕色，子房柄长 7～10 毫米，果梗长 8～10 毫米；种子 1～3 个，卵形，长 1.5～2.5 毫米，黑色。花期 4—5 月，果期 7—8 月。

【天然分布】　国内，分布于安徽南部、甘肃南部、贵州东北部至西北部、河北西南部、河南西部、湖北西部、湖南、江西东部、陕西南部、山西南部、四川西部及东部、西藏东南部、云南东北部至西北部、浙江西北部、湖南西北部。国外，分布于不丹、印度东北部（朱升起和颜立红，1997）。

【海拔与生境】 生长于海拔 600～3 600 米的中高山地区，湿润避风的山谷、溪边、林缘或坡地，混生于杂木林中（杨得坡，1999）。

【物种价值】 领春木为单型科单属植物，既是第三纪孑遗植物，也是典型的东亚植物区系成分特征植物。对研究古植物区系、古地理气候、植物分类等，有重要价值。树皮可提取单宁，亦

果枝

可提取多种化合物用作杀虫剂。树姿优美，早春开花，花如流苏；果实小巧，颇具趣味，具有很高的园林观赏价值（张龙来等，2016）。

【繁殖方式】 领春木可采用播种及无性繁殖方法进行苗木繁殖。种子具有生理休

干

花枝

枝条

叶面

眠，光照条件可使种子迅速萌发，发芽率达96%。也可采用组织培养、扦插等无性繁殖方法进行扩繁。以领春木种子幼胚、茎段为外植体，均能成功诱导出愈伤组织；以领春木一年生枝条为插穗，施用外源激素可提高插穗生根率（周佑勋，2009）。

【引种情况】　植物园于1970年、2005年，从甘肃、陕西引种领春木种子。

【园区栽植地点】　梁启超墓园南侧。

17　槭叶铁线莲

【学名】　*Clematis acerifolia* Maxim.

【科属】　毛茛科 Ranunculaceae　铁线莲属 *Clematis*

【保护级别】　国家二级重点保护野生植物

【形态特征】　直立小灌木，高 30～60 厘米，除心皮外其余无毛。根木质，粗壮。老枝外皮灰色，有环状裂痕。叶为单叶，与花簇生；叶片五角形，长 3～7.5 厘米，宽 3.5～8 厘米，基部浅心形，通常为不等的掌状 5 浅裂，中裂片近卵形，侧裂片近三角形，边缘疏生缺刻状粗牙齿；叶柄长 2～5 厘米。花 2～4 朵簇生；花梗长达 10 厘米；多花直径 3.5～5 厘米；萼片 5～8，开展，白色或带粉红色，狭倒卵形至椭圆形，长达 2.5 厘米，宽达 1.5 厘米，无毛，雄蕊无毛；子房有柔毛。花期 4 月，果期 5—6 月。

盛花期

【天然分布】　分布于北京门头沟区、房山区及昌平区，河北涞水县和易县（原晨阳等，2021）。

【海拔与生境】　主要生长于海拔 104～600 米的低山峭壁或沟谷中部以下的半阳坡、半阴坡的垂直崖壁裂隙中。

【濒危原因】　槭叶铁线莲分布区域狭窄，居群内个体数量少，造成居群天然更新缓慢。因生境特殊，且生存环境多为岩壁，导致种子成熟后扩散困难。一些个体生长在海拔比较低的位置，春季花期时，容易遭到人为破坏。部分植株受到入侵植物影响，生长范围不断缩小。以上因素均对槭叶铁线莲天然更新有负面影响（姚敏，2021；庞久帅等，2022）。

全株

【物种价值】 槭叶铁线莲是中国北太行山脉特有植物，是铁线莲属分布在北温带古老分类群中的孑遗种。其生境特殊，起源古老，对研究本属植物系统进化及太行山孑遗植物演化等方面有着重要价值。槭叶铁线莲早春开花，花朵大而美丽，叶型奇特，是极为珍贵的野生木本植物，因多生于峭壁之上，与独根草、房山紫堇并称为"崖壁三绝"，具有很高的园艺观赏价值及开发利用空间（穆琳和谢磊，2011）。

【繁殖方式】 槭叶铁线莲主要依靠种子繁殖和组织培养繁殖。槭叶铁线莲果实6月成熟，种子不存在休眠现象。播种前，浸种处理可以促进种子萌发，种子的适宜萌发温度20～25℃。以种子为外植体进行组织培养，可建立无性繁殖体系（温韦华和陈燕，2022）。

【引种情况】 植物园于2018—2020年，多次从北京引种槭叶铁线莲插条和种子。

【园区栽植地点】 科研苗圃。

幼苗叶片

幼苗全株

18 山白树

【学名】 *Sinowilsonia henryi* Hemsl.

【科属】 金缕梅科 Hamamelidaceae 山白树属 *Sinowilsonia*

【保护级别】 重庆市、河南省、山西省、陕西省重点保护野生植物；IUCN 级别：NT

【形态特征】 落叶灌木或小乔木，高约 8 米；嫩枝有灰黄色星状茸毛，老枝略有皮孔。叶纸质或膜质，倒卵形，长 10～18 厘米，宽 6～10 厘米。先端急尖，基部圆形或微心形，稍不等侧，叶背有柔毛；侧脉 7～9 对，网脉明显；边缘密生小齿突。雄花总状花序无正常叶片，萼筒极短，萼齿匙形；雄蕊近于无柄，花丝极短，与萼齿基部合生，花药 2 室，长约 1 毫米。雌花穗状花序长 6～8 厘米，基部有 1～2 片叶子，花序柄长 3 厘米，与花序轴均有星状茸毛；苞片披针形，长 2 毫米，小苞片窄披针形，长 1.5 毫米，均有星状茸毛；萼筒壶形，长约 3 毫米，萼齿长 1.5 毫米，均有星毛；退化雄蕊 5 个，无正常发育的花药，花柱长 3～5 毫米，突出萼筒外。果序长 10～

全株

20 厘米，花序轴稍增厚，有不规则棱状突起，被星状茸毛。蒴果无柄，卵圆形，长 1 厘米，先端尖，被灰黄色长丝毛，宿存萼筒长 4～5 毫米，被褐色星状茸毛，与蒴果离生。种子长 8 毫米，黑色，有光泽。花期 3—5 月，果期 6—8 月。

【天然分布】 中国特有。分布于甘肃、河南、湖北、陕西、山西、四川。

【海拔与生境】　主要生长在海拔 1 000～1 300 米的山坡中下部、山谷、河边或者沟谷两侧的杂木林中。土壤为中性微酸性的山地棕壤土（傅志军，1993）。

【濒危原因】　气候变化是山白树分布减少的主要因素之一。山白树对生境要求严格，自然条件下呈片断化分布。雌雄同株但因雌雄蕊异熟，授粉成功率低，植株结实量少。天然林中植株生长缓慢，成年个体成熟晚；种子休眠程度深、自然萌发率低。以上因素导致种群内部有效群体下降，造成种群天然更新缓慢（张立军等，2013）。

【物种价值】　山白树处于一个相对孤立的系统发育地位，对研究被子植物的起源与演化及我国植物区系的发生、变迁等有着重要意义。成年植株根系发达，能耐受间歇性的短期水浸泡，是固岸护滩的优良树种。木料结实细致、纹理通直、材质坚硬，是制造家具的优等木材。花粉中含有丰富的淀粉、油脂和蛋白质；种子中富含油脂、蛋白质及多种矿质元素，有一定的开发利用价值。山白树枝叶繁茂，树形美观，果序奇特，是很有前途的园林观赏树种（何燕妮，2014）。

【繁殖方式】　山白树主要依靠种子繁殖。西安地区，10 月中旬采集果实，11 月上旬在室外进行湿沙层积处理，翌年 4 月播种，种子萌发率可达 45% 左右。以植物带芽

果序　　　　　　　　　　　　　　　干

茎段为外植体，利用组织培养能够成功繁殖子代（张莹等，2011）。

　　【引种情况】　植物园于 1982—2015 年，多次从甘肃、陕西等地引种山白树种子。

　　【园区栽植地点】　樱桃沟。

雌花序

花枝

叶面

枝条

叶背

19　连香树

【学名】 *Cercidiphyllum japonicum* Siebold & Zucc.

【科属】 连香树科 Cercidiphyllaceae 连香树属 *Cercidiphyllum*

【保护级别】 国家二级重点保护野生植物

【形态特征】 落叶大乔木，高 10～20 米，少数达 40 米；树皮灰色或棕灰色；小枝无毛，短枝在长枝上对生。叶生短枝上的近圆形、宽卵形或心形，生长枝上的椭圆形或三角形，长 4～7 厘米，宽 3.5～6 厘米，先端圆钝或急尖，基部心形或截形，边缘有圆钝锯齿，先端具腺体，两面无毛，下面灰绿色带粉霜，掌状脉 7 条直达边缘；叶柄长 1～2.5 厘米，无毛。雄花常 4 朵丛生，近无梗；苞片在花期红色，膜质，卵形；花丝长 4～6 毫米，花药长 3～4 毫米；雌花 2～6（8）朵，丛生；花柱长 1～1.5 厘米，上端为柱头面。菁葖果 2～4 个，荚果状，长 10～18 毫米，宽 2～3 毫米，褐色或黑色，微弯曲，先端渐细，有宿存花柱；果梗长 4～7 毫米；种子数个，扁平四角形，长 2～2.5 毫米（不连翅长），褐色，先端有透明翅，长 3～4 毫米。花期 4 月，果期 8 月。

全株

干

叶面

【天然分布】　国内，分布于安徽南部和西部、甘肃南部、河南、湖北、江西、陕西、山西西南部、四川、浙江。国外，分布于日本。

【海拔与生境】　生长于海拔 650～2 700 米的山谷边缘或林中开阔地的杂木林中。

【濒危原因】　气候变化是连香树分布面积不断缩小的主要因素之一。天然生境

叶背

碎片化，野外种群内成熟植株数量少，且多为单株分布。雌雄异株，植株间隔距离远导致连香树授粉困难，结实率低。天然林内，凋落物对种子萌发有抑制作用。种间竞争激烈，幼苗成苗率低。人为砍伐树木，降低了连香树天然种群的遗传多样性，加剧了种群天然更新缓慢（王静等，2010；沈文涛等，2019）。

【物种价值】　连香树为第三纪孑遗植物，是中国和日本的间断分布种。对于研究第三纪植物区系起源以及中国与日本植物区系的关系，有重要的科研价值。连香树木材纹理通直、结构细致、质地坚硬，是重要的用材和造币树种。其精油对肝癌细胞有显著的抑制作用。连香树树形优美，花朵美丽，叶形奇特。春季新发枝叶为紫红色，秋季叶片黄色或红色，叶片在秋季还能散发出特殊的香味，是很有前途的彩色叶树种，具有很高的园林观赏价值（汪超等，2016）。

【繁殖方式】　连香树主要以种子和扦插繁殖苗木。种子繁殖，低温层积处理和赤霉素浸泡能够促进种子萌发。种子最佳萌发温度 25℃，适度光照有利于种子萌发，种子发芽率 88% 左右。扦插繁殖，四川美姑地区，选取 1～2 年生健壮枝条作为插条，配合药剂处理促进生根，插条生根率可达 90% 左右。以种子和带芽嫩茎段为外植体，利用组织培养可以建立植物快繁体系（崔仕权等，2007；熊丹等，2007）。

【引种情况】　植物园于 1980—2017 年，多次从甘肃、河南等地引种连香树种子和苗木。

【园区栽植地点】　樱桃沟。

20　沙冬青

【学名】 *Ammopiptanthus mongolicus*（Maximowicz ex Komarov）S. H. Cheng

【科属】 豆科 Fabaceae 沙冬青属 *Ammopiptanthus*

【保护级别】 国家二级重点保护野生植物

【形态特征】 常绿灌木，高 1.5～2 米，粗壮；树皮黄绿色，木材褐色。茎多杈状分枝，圆柱形，具沟棱，幼被灰白色短柔毛，后渐稀疏。3 小叶，偶为单叶；叶柄长 5～15 毫米，密被灰白色短柔毛；托叶小，三角形或三角状披针形，贴生叶柄，被银白色茸毛；小叶菱状椭圆形或阔披针形，长 2～3.5 厘米，宽 6～20 毫米，两面密被银白色茸毛，全缘，侧脉几不明显，总状花序顶生枝端，花互生，8～12 朵密集；花梗长约 1 厘米，近无毛，中部有 2 枚小苞片；萼钟形，薄革质，长 5～7 毫米，萼齿 5，阔三角形，上方 2 齿合生为一较大的齿；花冠黄色，花瓣均具

花特写

长瓣柄，旗瓣倒卵形，长约 2 厘米，翼瓣比龙骨瓣短，长圆形，长 1.7 厘米，其中瓣柄长 5 毫米，龙骨瓣分离，基部有长 2 毫米的耳；子房具柄，线形，无毛。花期 4—5 月，果期 5—6 月。

【天然分布】 国内，分布于甘肃、内蒙古、宁夏、新疆西部喀什地区。国外，分布于哈萨克斯坦、吉尔吉斯斯坦、蒙古国南部。

【海拔与生境】 沙冬青集中分布于海拔 830～1 600 米的沙丘、砾质山坡、荒漠、沟壑旁的梯田等区域。

【濒危原因】 地质历史变迁和气候变化是造成沙冬青分布区域缩小的主要因素。种子不容易传播

枝干

且虫蛀率高达 30%。种群内部幼龄及成熟个体少、老龄化严重，导致种群天然更新缓慢。人为过度开发破坏了植物的生境，压缩了植物的生存空间，加剧了沙冬青野外植株数量减少（王庆锁等，1995；段义忠等，2020）。

【物种价值】　沙冬青是古老的第三纪孑遗种，是亚洲中部荒漠地区特有的常绿阔叶灌木，对研究豆科植物的系统发育、古植物区系等具有重要的科学意义。成年植株具有抗热、抗寒、抗旱、抗风沙、耐盐碱、耐贫瘠的特性；其根系发达、固沙能力强，在干旱半干旱地区有良好的生态价值。沙冬青还具有一定药用价值，枝叶中含多种生物碱及黄酮类物质，有抗菌、止痛的作用，能够祛风湿、活血散瘀、治疗高血压等功效；还可以作为植物抗菌剂使用，有良好的抑制真菌的效果。种子富含丰富的亚油酸，具有很高的食用价值。沙冬青花朵鲜艳繁密，具有一定观赏价值（刘美芹等，2004）。

【繁殖方式】　沙冬青在生产上主要依靠种子和扦插繁殖。播种前，50～60℃水浸种后，将种子置于 20～25℃处催芽处理，适宜的萌发温度是 15～35℃，种子发芽率60%～70%。选取当年生顶部枝条，配合激素处理，插条生根率 60% 左右（李得禄等，2011；范媛媛，2017）。

【引种情况】　植物园于 2000 年、2004 年、2016 年，从西安等地引种沙冬青种子和小苗。

【园区栽植地点】　科研温室附近。

果序　　　　　　　　　　　　　　　　　盛花期

枝条　　　　　　　　　　　　　　　　　叶面

21　百花山葡萄

【学名】　*Vitis baihuashanensis* M. S. Kang & D. Z. Lu

【科属】　葡萄科 Vitaceae 葡萄属 *Vitis*

【保护级别】　国家一级重点保护野生植物

【形态特征】　落叶藤本植物。小枝圆形，褐色，树皮长条状剥落。叶片阔卵形，两面绿色，幼叶被稀疏长柔毛，后脱落；叶长 11～24 厘米，掌状全裂，小裂片常再分裂。圆锥花序与叶或卷须对生，长 2～8 厘米，初时被柔毛，后光滑；花两性，花瓣 5 枚，绿色，帽状脱落；雄蕊常 5 枚，花丝呈"S"形扭曲，花盘发达；子房上位，2 心皮，每室 2 胚珠。浆果成熟后紫黑色，种子椭圆形，外被一层膜质结构。花期 5 月，果实 9 月成熟（路端正和梁红平，1994；沐先运，2021）。

【天然分布】　中国特有。仅分布于北京门头沟区百花山国家级自然保护区，现野外存活 2 株[①]。

枝条

---

① 2023-10-23. http://www.forestry.gov.cn/main/5462/20210926/104436533987881.html.

【海拔与生境】 生长于海拔1 050～1 200米处的暖温带落叶阔叶林中（沈雪梨等，2020）。

【濒危原因】 百花山葡萄发现较晚，很长时间内科学地位没有得到认可，造成对其保护力度不够。植株生存环境差、林下郁闭度过高、土壤瘠薄等多种因素，均不利于个体进行生殖繁殖，致使种群一直没有天然更新（康木生和路端正，1993年）。

幼苗

【物种价值】 百花山葡萄是北京特有种，对研究我国葡萄属植物的系统进化有着重要意义，对保护北京地区生物多样性有着特殊价值。

【繁殖方式】 百花山葡萄因植物材料较少，现阶段主要依靠种子和组织培养繁殖。种子存在休眠现象，播种前需要低温层积3个月左右，促进种子萌发。以当年生带芽茎段、嫩茎段及叶片为外植体，组织培养建立快速繁殖体系，能够成功繁殖苗木（沈雪梨等，2022）。

【引种情况】 植物园于2022年，从北京科研机构引种百花山葡萄小苗。

【园区栽植地点】 科研苗圃。

果序

22 蒙古扁桃

【学名】 *Prunus mongolica*（Maxim.）Ricker

【科属】 蔷薇科 Rosaceae 桃属 *Prunus*

【保护级别】 国家二级重点保护野生植物

【形态特征】 灌木，高 1～2 米；枝条开展，多分枝，小枝顶端转变成枝刺；嫩枝红褐色，被短柔毛，老时灰褐色。短枝上叶多簇生，长枝上叶常互生；叶片宽椭圆形、近圆形或倒卵形，长 8～15 毫米，宽 6～10 毫米，先端圆钝，有时具小尖头，基部楔形，两面无毛，叶边有浅钝锯齿，侧脉约 4 对，叶背中脉明显突起；叶柄长 2～5 毫米，无毛。花单生稀数朵簇生于短枝上；花梗极短；萼筒钟形，长 3～4 毫米，无毛；萼片长圆形，与萼筒近等长，顶端有小尖头，无毛；花瓣倒卵形，长 5～7 毫米，粉红色；雄蕊多数，长短不一致；子房被短柔毛；花柱细长，几与雄蕊等长，具短柔毛。果实宽卵球形，长 12～15 毫米，宽约 10 毫米，顶端具急尖头，外面密被柔毛；果梗短；果肉薄，成熟时开裂，离核；核卵形，长 8～13 毫米，顶端具小尖头，基部两侧不对称，腹缝压扁，背缝不压扁，表面光滑，具浅沟纹，无孔穴；种仁扁宽卵形，浅

全株

枝干

棕褐色。花期 5 月，果期 8 月。

【天然分布】　国内，分布于甘肃、内蒙古、宁夏；国外，分布于蒙古国（赵一之，1995）。

【海拔与生境】　生长于荒漠区和荒漠草原区海拔 1 000～2 400 米的低山丘陵坡麓、石质坡地及干河床。

【濒危原因】　蒙古扁桃原产地春季风沙大，传粉昆虫稀少，不利于花期授粉。此外，花具有显著的花柱多型性现象，造成大量不育花的存在，导致植株结实率较低。原产地气候条件恶劣、坚硬厚实的果壳等自然及生理因素抑制了种子的萌发，降低了蒙古扁桃自然繁殖速度。人为破坏、过度放牧等因素也对蒙古扁桃的天然更新产生了负面影响（方海涛和斯琴巴特，2007；马骥等，2010）。

【物种价值】　蒙古扁桃是蒙古高原特有树种，对于研究蒙古高原植被演替有着重要意义。成年植株根系发达，耐贫瘠、耐寒、耐脱水能力强，是干旱地区水土保持、造林绿化的先锋树种，具有很高的生态价值。种仁含油率高达 40% 以上，可作为"郁李仁"入药，具有平喘止咳等功效。蒙古扁桃春季开花，花果繁密，颜色艳丽，具有一定的观赏价值（斯琴巴特尔和满良，2002）。

【繁殖方式】　蒙古扁桃繁殖方法分为有性繁殖及无性繁殖。蒙古扁桃种子存在休眠现象，低温层积能够促进种子萌发，种子发芽率 30% 左右。由于蒙古扁桃结实率低，生产中可采用扦插、嫁接、组织培养等无性繁殖方法建立其再生体系。在组织培养繁殖中，选蒙古扁桃的幼苗茎尖、茎段和叶片等为外植体，均可诱导出愈伤

花枝

组织，从而建立无性繁殖体系（斯琴巴特尔等，2002）。

【引种情况】　植物园于 1990 年、2010 年、2017 年，从内蒙古引种蒙古扁桃种子和小苗。

【园区栽植地点】　科研苗圃。

23 平枝栒子

【学名】 *Cotoneaster horizontalis* Decne.

【科属】 蔷薇科 Rosaceae 栒子属 *Cotoneaster*

【保护级别】 浙江省重点保护野生植物

【形态特征】 落叶或半常绿匍匐灌木，高不超过 0.5 米，枝水平开张成整齐两列状；小枝圆柱形，幼时外被糙伏毛，老时脱落，黑褐色。叶片近圆形或宽椭圆形，稀倒卵形，长 5～14 毫米，宽 4～9 毫米，先端多数急尖，基部楔形，全缘，上面无毛，下面有稀疏平贴柔毛；叶柄长 1～3 毫米，被柔毛；托叶钻形，早落。花 1～2 朵，近无梗，直径 5～7 毫米；萼筒钟状，外面有稀疏短柔毛，内面无毛；萼片三角形，先端急尖，外面微具短柔毛，内面边缘有柔毛；花瓣直立，倒卵形，先端圆钝，长约 4 毫米，宽 3 毫米，粉红色；雄蕊约 12，短于花瓣；花柱常为 3，有时为 2，离生，短于雄蕊；子房顶端有柔毛。果实近球形，直径 4～6 毫米，鲜红色，常具 3 小核，稀 2 小核。花期 5—6 月，果期 9—10 月。

全株

【天然分布】 国内，分布于甘肃、贵州、湖北、湖南、江苏、陕西、四川、台湾、西藏、云南、浙江。国外，分布于尼泊尔。

【海拔与生境】 生长于海拔 1 500～3 500 米地带的灌木丛中或岩石坡上。

【物种价值】 平枝栒子喜光也耐半阴；抗性强、病虫害较少，适应性强，亦耐轻度盐碱，可在石灰质土壤中生长。植株枝叶横展、叶小而稠密、叶片浓绿有光泽；春季，粉红色的花朵密布枝头；秋季，红果累累，经冬不落。晚秋时，叶片转为砖红色，

果枝

枝干

花枝

十分美观，具有很高的观赏价值。平枝栒子不仅是优秀的园林绿化植物，还是极具特色的盆景植物材料（梁发辉等，2011）。

【繁殖方式】 平枝栒子生产上主要依靠扦插繁殖。6—7 月，选取当年生半木质化枝条为插条，插条生根率 80% 左右。也可以利用种子繁殖，但因种子存在休眠现象，种子播种前，需要低温层积处理，种子发芽率 30% 左右（时鑫等，2003）。

【引种情况】 植物园于 1977—1997 年先后 5 次，从陕西等地引种平枝栒子的种子。

【园区栽植地点】 海棠园。

24 河南海棠^①

【学名】　*Malus honanensis* Rehd.

【科属】　蔷薇科 Rosaceae　苹果属 *Malus*

【保护级别】　河南省重点保护野生植物

【形态特征】　落叶灌木或小乔木，高达 5～7 米；小枝细弱，圆柱形，嫩时被稀疏茸毛，不久脱落，老枝红褐色，无毛，具稀疏褐色皮孔；冬芽卵形，先端钝，鳞片边缘被长柔毛，红褐色。叶片宽卵形至长椭卵形，长 4～7 厘米，宽 3.5～6 厘米，先端急尖，基部圆形、心形或截形，边缘有尖锐重锯齿，两侧具有 3～6 浅裂，裂片宽卵形，先端急尖，两面具柔毛，叶面不久脱落；叶柄长 1.5～2.5 厘米，被柔毛；托叶膜质，线状披针形，早落。伞形总状花序，具花 5～10 朵，花梗细，长 1.5～3 厘米，嫩时被柔毛，不久脱落；花直径约 1.5 厘米；萼筒外被稀疏柔毛；萼片三角卵形，先端急尖，全缘，长约 2 毫米，外面无毛，内面密被长柔毛，比萼筒短；花瓣卵形，长 7～8 毫米，基部近心形，有短爪，两面无毛，粉白色；雄蕊约 20；花柱 3～4，基部合生，无毛。果实近球形，直径约 8 毫米，黄红色，萼片宿存。花期 5 月，果期 8—9 月。

全株

【天然分布】　中国特有。分布于甘肃、河北、河南、湖北、陕西、山西。

【海拔与生境】　生长于海拔 800～2 600 米的山谷或山坡丛林中。

【物种价值】　河南海棠具有矮化、早果、丰产、抗逆性强、适应性广、果实品质优异、砧穗亲和性好等特性，是培育矮化砧的优良材料。果实可供食用，富含黄酮类

---

① 由于河南海棠在山西省武乡县一带分布广泛，20 世纪 80 年代以前习惯称之为武乡海棠。

干

花序

果序

叶面

物质、多种维生素等，可制成果干、果脯及酿酒、制酱、制醋等；还对心脑血管疾病、支气管哮喘有辅助治疗效果。河南海棠具有耐寒、耐旱、耐瘠薄、抗病害能力强等特点。其春季花朵繁密、花色淡雅，秋季果实累累、颜色艳丽，具有很高的园林观赏价值及广阔的开发空间（高敬东等，2022）。

【繁殖方式】 河南海棠主要通过种子繁殖。种子存在休眠特性，播种前低温沙藏处理 60～70 天，能够促进种子萌发。嫁接繁殖方法为带木质部芽接，以山荆子作为砧木，成活率约 75%。以种胚为材料进行离体培养，低温和 GA3 处理能够促进离体胚萌发（王军涛等，2012）。

【引种情况】 植物园于 1982 年、2018 年，从河南等地引种河南海棠的种子和接穗。

【园区栽植地点】 海棠园和科研苗圃。

25　新疆野苹果

【学名】　*Malus sieversii* M. Roem.

【科属】　蔷薇科 Rosaceae 苹果属 *Malus*

【保护级别】　国家二级重点保护野生植物；新疆维吾尔自治区重点保护野生植物；IUCN 级别：VU

【形态特征】　落叶乔木，高达 2～14 米；树冠宽阔，常有多数主干；小枝短粗，圆柱形，嫩时具短柔毛，二年生枝微屈曲，无毛，暗灰红色，具疏生长圆形皮孔；冬芽卵形，先端钝，外被长柔毛，鳞片边缘较密，暗红色。叶片卵形、宽椭圆形、稀倒卵形，长 6～11 厘米，宽 3～5.5 厘米，先端急尖，基部楔形，稀圆形，边缘具圆钝锯齿，幼叶叶背密被长柔毛，老叶较少，浅绿色，叶面沿叶脉有疏生柔毛，深绿色，侧脉 4～7 对，叶背叶脉显著；叶柄长 1.2～3.5 厘米，具疏生柔毛；托叶膜质，披针形，边缘有白色柔毛，早落。花序近伞形，具花 3～6 朵。花梗较粗，长约 1.5 厘米，密被白色茸毛；花直径 3～3.5 厘米；萼筒钟状，外面密被茸毛；萼片宽披针形或三角披针形，先端渐尖，全缘，长约 6 毫米，两面均被茸毛，内面较密，萼片比萼筒稍长；花瓣倒卵形，长 1.5～2 厘米，基部有短爪，粉色，含苞未放时带玫瑰紫色；雄蕊 20，花丝长短不等，长约花瓣之半；花柱 5，基部密被白色茸毛，与雄蕊约等长或稍长。果实大，球形或扁球形，直径 3～4.5 厘米，稀 7 厘米，黄绿色有红晕，萼洼下陷，萼片宿存，反折；果梗长 3.5～4 厘米，微被柔毛。花期 5 月，果期 8—10 月。

全株

【天然分布】　国内，分布于新疆伊犁河谷南北两侧的天山山区和塔城地区的塔尔巴哈台山、巴尔鲁克山等。国外，分布于哈萨克斯坦、吉尔吉斯斯坦、塔吉克斯坦、

花枝

乌兹别克斯坦、土库曼斯坦等国家的山区（闫秀娜等，2015）。

【海拔与生境】　生长于海拔900～1 950米的山顶、山坡或河谷地带，在海拔1 200～1 500米的山地较为集中（王大江等，2017）。

【濒危原因】　新疆野苹果野外种群受病虫害侵蚀严重。主要是苹果小吉丁虫和苹果巢蛾危害，导致野苹果树势衰弱，影响成年植株生殖生长，甚至造成了植株死亡。人为干扰严重也是导致濒危的因素之一，过早地采摘果实和放牧，损坏了部分植株的个体发育，缩小了植物天然种子库的数量，加剧了种群天然更新缓慢（阎国荣等，2020；孟雨欣等，2022）。

【物种价值】　新疆野苹果是古地中海区温带落叶阔叶林的孑遗植物，对于研究亚洲中部荒漠地区山地阔叶林的起源、植物区系变迁等有一定的科学价值。成年植株具有抗寒、抗旱、耐瘠薄、耐盐碱性等优良抗性，是我国苹果属遗传育种的重要资源。新疆野苹果人工栽培后长势旺盛、抗性强、耐修剪，是栽培苹果的理想砧木。果实营养丰富，富含多种氨基酸、维生素，可以制作果汁、果酱等。新疆野苹果花期长，花色淡雅、芳香，是新疆地区早春著名的园林绿化树种（闫鹏等，2016）。

【繁殖方式】　新疆野苹果主要繁殖方式为种子繁殖。种子存在休眠现象，播种前

果枝

需要处理。低温层积 70～80 天处理能够有效促进种子萌发，种子发芽率是 32.22%。还可以利用嫁接繁殖苗木，砧木为海棠果（楸子，*Malus prunifolia*），采用一年生枝为接穗，用劈接法，嫁接速度快、成活率高。以茎尖或带芽茎段作外植体，进行组织培养繁殖苗木（刘忠权等，2021）。

【引种情况】 植物园于 2003 年、2016 年、2018 年，多次从新疆引种新疆野苹果种子和小苗。

【园区栽植地点】 科研苗圃。

叶面

叶背

26 东北扁核木

【学名】 *Prinsepia sinensis*（Oliv.）Oliv. ex Bean

【科属】 蔷薇科 Rosaceae 扁核木属 *Prinsepia*

【保护级别】 吉林省三级重点保护野生植物

【形态特征】 落叶小灌木，高约 2 米，多分枝；枝条灰绿色或紫褐色，无毛，皮呈片状剥落；小枝红褐色，无毛，有棱条；枝刺直立或弯曲，刺长 6～10 毫米，通常不生叶；冬芽小，卵圆形，先端急尖，紫红色，外面有毛。叶互生，稀丛生，叶片卵状披针形或披针形，极稀带形，长 3～6.5 厘米，宽 6～20 毫米，先端急尖、渐尖或尾

全株

尖，基部近圆形或宽楔形，全缘或有稀疏锯齿，叶面深绿色，叶脉下陷，叶背淡绿色，叶脉突起，两面无毛或有少数睫毛；叶柄长 5～10 毫米，无毛；托叶小，膜质，披针形，先端渐尖，全缘，内面有毛，脱落。花 1～4 朵，簇生于叶腋；花梗长 1～1.8 厘米，无毛；花直径约 1.5 厘米；萼筒钟状，萼片短三角状卵形，全缘，萼筒和萼片外面

果枝

无毛，边有睫毛；花瓣黄色，倒卵形，先端圆钝，基部有短爪，着生在萼筒口部里面花盘边缘；雄蕊 10，花丝短，成 2 轮着生在花盘上近边缘处；心皮 1，无毛，花柱侧生，柱头头状。核果近球形或长圆形，直径 1～1.5 厘米，红紫色或紫褐色，光滑无毛，萼片宿存；核坚硬，卵球形，微扁，直径 8～10 毫米，有皱纹。花期

干

3—4月，果期8月。

【天然分布】　国内，分布于黑龙江、吉林、辽宁及内蒙古。

【海拔与生境】　东北扁核木分布于海拔110～2 100米地带。生长于针叶阔叶混交林中、林缘疏林下、阴山坡林间或山坡开阔处及河岸灌丛中，局部呈宽带状分布（崔凯峰等，2004）。

【物种价值】　东北扁核木种仁可入药，是中药中的蕤仁，具清热、明目等功效。其木质坚硬细腻、纹理独特美观，木材及扁圆形的种子均可加工制成各种工艺品，深受文玩爱好者喜爱。果实有香味，含有多种氨基酸、维生素及多种微量元素，可直接食用；还可以酿酒，制作果脯、果酱等，是天然的保健品资源。东北扁核木适应性强，春季观花、秋季观果，是理想的园林绿化树种（赫丽丰等，1991）。

【繁殖方式】　东北扁核木可通过种子繁殖和无性繁殖方法进行繁殖。生产中多以种子繁殖为主，种子先浸种24小时后再沙藏处理，发芽率可达95%。无性繁殖方法包括扦插、组织培养等，选取一二年生枝、芽苞饱满的枝条进行扦插繁殖，并配合生根粉，可提高接穗成活率。以东北扁核木的单芽茎段为外植体进行组织培养繁

花枝

殖，也可建立起其繁殖体系（崔凯峰等，2004）。

【引种情况】　植物园于20世纪80—90年代期间，结合树木区建设引种东北扁核木。

【园区栽植地点】　树木区。

27 鸡麻

【学名】 *Rhodotypos scandens*（Thunb.）Makino

【科属】 蔷薇科 Rosaceae 鸡麻属 *Rhodotypos*

【保护级别】 浙江省重点保护野生植物

【形态特征】 落叶灌木，高 0.5～2 米，稀达 3 米；小枝紫褐色，嫩枝绿色，光滑。叶对生，卵形，长 4～11 厘米，宽 3～6 厘米，顶端渐尖，基部圆形至微心形，边缘有尖锐重锯齿，上面幼时被疏柔毛，以后脱落无毛，下面被绢状柔毛，老时脱落仅沿脉被稀疏柔毛；叶柄长 2～5 毫米，被疏柔毛；托叶膜质狭带形，被疏柔毛，不久脱落。单花顶生于新梢上；花直径 3～5 厘米；萼片大，卵状椭圆形，顶端急尖，边缘有锐锯齿，外面被稀疏绢状柔毛，副萼片细小，狭带形，比萼片短 4～5 倍；花瓣白色，倒卵形，比萼片长 1/4～1/3。核果 1～4，黑色或褐色，斜椭圆形，长约 8 毫米，光滑。花期 4—5 月，果期 6—9 月。

全株

【天然分布】 国内，分布于安徽、甘肃、河南、湖北、江苏、辽宁、山东、陕西、浙江；国外，分布于朝鲜、日本。

花枝

枝干

【海拔与生境】 生长于海拔 100～800 米的山坡疏林中及山谷森林中。

【物种价值】 鸡麻喜光，耐半阴、耐寒、耐旱，适应能力强，在我国南北各地均能正常生长。根和果可入药，具有治血虚肾亏的功能。其株型优美，花朵洁白清新，是良好的耐阴园林花灌木之一（白伟岚等，1999）。

【繁殖方式】 鸡麻主要依靠种子和扦插繁殖。种子存在深度休眠，北京地区播种后，隔年出苗，种子发芽率 60% 左右。陕西宝鸡地区，嫩枝扦插配合药剂处理，插条生根率60%～80%（李锐丽等，2007；令狐昱慰等，2013）。

【引种情况】 植物园于 20 世纪 80—90 年代期间，结合树木区建设引种鸡麻。

【园区栽植地点】 碧桃园和树木区。

果枝

叶面

28 美蔷薇

【学名】 *Rosa bella* Rehder & E. H. Wilson

【科属】 蔷薇科 Rosaceae 蔷薇属 *Rosa*

【保护级别】 河北省重点保护野生植物

【形态特征】 灌木，高 1～3 米；小枝圆柱形，细弱，散生直立的基部稍膨大的皮刺，老枝常密被针刺。小叶 7～9，稀 5，连叶柄长 4～11 厘米；小叶片椭圆形、卵形或长圆形，长 1～3 厘米，宽 6～20 毫米，先端急尖或圆钝，基部近圆形，边缘有单锯齿，两面无毛或下面沿脉有散生柔毛和腺毛；小叶柄和叶轴无毛或有稀疏柔毛，有散生腺毛和小皮刺；托叶宽平，大部贴生于叶柄，离生部分卵形，先端急尖，边缘有腺齿，无毛。花单生或 2～3 朵集生，苞片卵状披针形，先端渐尖，边缘有腺齿，无毛；花梗长 5～10 毫米，花梗和萼筒被腺毛；花直径 4～5 厘米；萼片卵状披针形，全缘，先端延长成带状，外面近无毛而有腺毛，内面密被柔毛，边缘较密；花瓣粉红色，宽倒卵形，先端微凹，基部楔形；花柱离生，密被长柔毛，比雄蕊短很多。果椭圆状卵球形，径 1～1.5 厘米，顶端有短颈，猩红色，有腺毛，果梗可达 1.8 厘米。花期 5—7 月，果期 8—10 月。

全株

【天然分布】 分布于北京、河北、河南、吉林、内蒙古、山西、天津（刘喜文，1993）。

【海拔与生境】 多生长于海拔 1 700 米以下的山坡疏林中、山地林缘、沟谷及黄土丘陵的沟头、沟边陡崖上及溪边。

【物种价值】 美蔷薇具有抗性强、香味浓郁等特点，是月季、玫瑰的野生近缘种。可作为父本材料与现代月季品种及香水月季杂交，培育抗寒月季品种，是优质的蔷薇属种质资源。果实含有维生素、胡萝卜素、粗蛋白质、氨基酸及矿物元素等营养成分，可入药，具有理气、活血、调经、健脾等功效；果实亦可鲜食，口感甘酸，还可以酿

枝干

果枝

酒、制作果酱及饮料等。此外，成熟的果实还可提取天然色素，花可提取芳香油。美蔷薇春季花色艳丽，秋季果实颜色鲜艳，是优秀的观花观果木本植物（赵红霞等，2015）。

【繁殖方式】　美蔷薇主要采用种子繁殖。播种前先低温层积，然后进行暖温层积处理 30 天，可提高种子萌发率，种子萌发率 48.89% 左右。目前，美蔷薇无性繁殖方法研究较少，可参考蔷薇属其他植物的无性繁殖方法，利用扦插、嫁接、组织培养等方法（邓莲，2022）。

【引种情况】　植物园于 2004 年、2006 年、2016—2018 年，从北京和河北引种美蔷薇种子和插条。

【园区栽植地点】　月季园。

花　　　　　　　　　　　　　　　叶面

29 单瓣月季花

【学名】 *Rosa chinensis* var. *spontanea*（Rehder & E. H. Wilson）T. T. Yu & T. G. Cu

【科属】 蔷薇科 Rosaceae 蔷薇属 *Rosa*

【保护级别】 国家二级保护野生植物

【形态特征】 直立灌木，高约 3 m；枝粗壮，具短钩状皮刺；羽状复叶，小叶 3～5 枚；小叶宽卵形，边缘有锐锯齿，两面无毛，托叶大部贴生于叶柄；花单生叶腋，花梗长约 2 cm，无毛，萼片卵形、5 枚，先端尾状渐尖；花瓣 5 枚，白色、粉红色或紫红色，先端有凹缺；雄蕊多数，花柱离生。种子少数且大，每个果实有种子 2～3 粒，种皮硬、厚。花期 3—4 月，果期 9 月（孟静，2012；陈锋等，2023）。

【天然分布】 中国特有。重庆、贵州、湖北及四川。

【海拔与生境】 常生于海拔 500～1 950 m 石灰岩和泥板岩上。

全株

花枝

枝干

叶面

【濒危原因】 国内对其野外分布、濒危原因等情况研究较少，目前致危因素不详。

【物种价值】 单瓣月季花花色多变，是我国重要的月季育种种质资源，是现代月季最原始的亲本材料之一。单瓣月季花对蔷薇属物种间的亲缘关系分析研究，具有重要的科研价值。其花型小巧，花色多变（花色会随着开放时间由浅变深）；花多为顶生，花期多成片开放，具有很好的观赏效果，是优秀的庭院观赏植物。

【繁殖方式】 单瓣月季花主要采用种子繁殖和扦插繁殖。种子休眠程度深，需要低温层积处理促进种子萌发，成苗率30%左右。利用一年生枝条作为插条扦插繁殖，成苗率80%左右（崔娇鹏等，2018）。

【引种情况】 植物园于2012年，从四川引种单瓣月季花插条。

【园区栽植地点】 科研苗圃。

30　玫瑰

【学名】　*Rosa rugosa* Thunb.

【科属】　蔷薇科 Rosaceae 蔷薇属 *Rosa*

【保护级别】　国家二级重点保护野生植物；河北省、吉林省一级重点保护野生植物

【形态特征】　直立灌木，高可达 2 米；茎粗壮，丛生；小枝密被茸毛，并有针刺和腺毛，有直立或弯曲、淡黄色的皮刺，皮刺外被茸毛。小叶 5～9，连叶柄长 5～13 厘米；小叶片椭圆形或椭圆状倒卵形，长 1.5～4.5 厘米，宽 1～2.5 厘米，先端急尖或圆钝，

全株

基部圆形或宽楔形，边缘有尖锐锯齿，叶面深绿色，无毛，叶脉下陷，有褶皱，叶背灰绿色，中脉突起，网脉明显，密被茸毛和腺毛，有时腺毛不明显；叶柄和叶轴密被茸毛和腺毛；托叶大部贴生于叶柄，离生部分卵形，边缘有带腺锯齿，下面被茸毛。花单生于叶腋，或数朵簇生，苞片卵形，边缘有腺毛，外被茸毛；花梗长 5～225 毫米，密被茸毛和腺毛；花直径 4～5.5 厘米；萼片卵状披针形，先端尾状渐尖，常有

花枝

羽状裂片而扩展成叶状，上面有稀疏柔毛，下面密被柔毛和腺毛；花瓣倒卵形，重瓣至半重瓣，芳香，紫红色至白色；花柱离生，被毛，稍伸出萼筒口外，比雄蕊短很多。果扁球形，直径 2～2.5 厘米，砖红色，肉质，平滑，萼片宿存。花期 5—6 月，果期 8—9 月。

【天然分布】　国内，分布于吉林珲春地区、辽宁庄河沿海及山东东部沿海的烟台牟平和威海荣成地区。国外，分

布于朝鲜半岛沿海地区，俄罗斯远东地区，日本北部千岛、北海道、本州（冯立国等，2009）。

【海拔与生境】 生长于海拔低于100米的沿海海滨沙滩、河口沙丘或砾石海岸山坡地带的碱性土壤。纬度范围为37.45°～42.90°N，经度范围为121.69°～130.28°E（姜丽媛，2018）。

【濒危原因】 玫瑰野生种群的生存环境退化，沿海地区土壤受到海水侵蚀，沙化不断扩大，造成植物天然生境缩小。成年个体有性繁殖能力差，种子具有休眠性，自然萌发率低；果实较大、传播能力弱，延缓了天然更新速度。人类活动干扰严重，乱挖滥采，保护意识不强，也造成分布区逐渐萎缩和片断化（张秩嫱，2020）。

【物种价值】 玫瑰是我国著名传统名花，抗性强、耐贫瘠、香味浓郁。玫瑰可以与月季、蔷薇等杂交，培育出抗逆性强的新品种，是蔷薇属育种的首选种质资源。鲜花可以蒸制芳香油，是各种高级香水、香皂、化妆香精的原料；花瓣可食用，制作玫瑰饼、玫瑰果酱；果实大且营养价值高，可入药或食用；根可入药。玫瑰花色艳丽、花香浓郁，成年植株根茎发达，具有防风固沙、防浪护岸的重要作用，具有很高的园林观赏价值和生态价值（侯秋梅和周洪英，2022）。

【繁殖方式】 玫瑰主要繁殖方式为种子繁殖和扦插繁殖。玫瑰种子具有生理休眠及形态休眠，播种前需要借助物理及化学方法打破种子休眠。扦插繁殖可选用半木质化枝条在全光照喷雾沙床进行嫩枝扦插，温度控制在32～35℃，插条生根率50%左右。还可以利用压条、嫁接、分株、组织培养等方式繁殖苗木（李建军，2020）。

【引种情况】 植物园于1996年、2017年，从吉林等地引种玫瑰种子和小苗。

【园区栽植地点】 月季园。

果枝

叶面

31　翅果油树

【学名】　*Elaeagnus mollis* Diels

【科属】　胡颓子科 Elaeagnaceae 胡颓子属 *Elaeagnus*

【保护级别】　国家二级重点保护野生植物；IUCN 级别：VU

【形态特征】　落叶直立乔木或灌木，高 2～10 米。幼枝密被灰绿色星状茸毛和鳞片，老枝茸毛和鳞片脱落，栗褐色或灰黑色；芽球形，黄褐色。叶纸质，稀膜质，卵形或卵状椭圆形，长 6～9（15）厘米，宽 3～6（11）厘米，顶端钝尖，基部钝形或圆形。叶面深绿色，散生少数星状柔毛，叶背灰绿色，密被淡灰白色星状茸毛，侧脉 6～10 对，叶面凹下，叶背凸起；叶柄半圆形，长 6～10（15）毫米。花灰绿色，下垂，芳香，密被灰白色星状茸毛；常 1～5 花簇生幼枝叶腋；花梗被星状柔毛，长 3～4 毫米；萼筒钟状，长 5 毫米，在子房上骤收缩，裂片近三角形或近披针形，长 3.5～4 毫米，顶端渐尖或钝尖，内面疏生白色星状柔毛，包围子房的萼管短矩圆形或近球形，被星状茸毛和鳞片，具明显的 8 肋；雄蕊 4，花药椭

全株

圆形，长 1.6 毫米；花柱直立，上部稍弯曲，下部密生茸毛。果实近圆形或阔椭圆形，长 13 毫米，具明显的 8 棱脊，翅状，果肉棉质；果核纺锤形，栗褐色，内面具丝状棉毛；子叶肥厚，含丰富的油脂。花期 4—5 月，果期 8—9 月。

【天然分布】　中国特产。仅分布于山西、陕西两省。

【海拔与生境】　生长于海拔 780～1 400 米的阳坡和半阴坡的山沟谷地与潮湿地带。在阳坡分布上限可达 1 400 米，在阴坡分布上限可达 1 200 米。黄土丘陵区多生长在沟壑两侧的陡坡上，坡度 30°～60°；低山区多生长于 15°～25° 的缓坡上。常成纯

果枝

干

林或散生在杂木林中。土壤多为山地褐土或碳酸盐褐土，pH值呈中性或弱碱性（上官铁梁等，1992）。

【濒危原因】 气候变化是翅果油树分布面积逐渐减少及生境碎片化的主要因素之一。花期短暂，花粉活力低，加上传粉昆虫数量少，造成翅果油树传粉效率低。生殖器官退化，导致其受精不正常，自然结实率低及种子发育不良。坐果期易受病虫害，10%左右的种子存在虫害。种子比较大，有效传播范围有限。天然生境过于干燥不利于种子萌发；种子寿命短，一年后基本不具备发芽能力，坚硬的种皮使种子存在深度休眠现象，导致自然发芽率仅在3.7%左右。种间竞争激烈，幼苗成苗率低，仅为0.88%。人为砍伐和烧荒导致种群面积的不断缩小及碎片化，加剧了种群天然更新缓慢（上官铁梁和张峰，2001；候婧，2020）。

【物种价值】 翅果油树是第四纪冰川活动遗留下来的孑遗植物之一，不仅具有重要的科研价值，还具有很高经济价值和生态价值。种仁营养丰富，含油率高达46%左右，且富含不饱和脂肪酸、维生素E及甾醇等，具有抗氧化、降低胆固醇及预防肥胖等功能。花期早、花量大、花粉营养高，是优秀的春季蜜源植物。叶片中含有大量黄酮、生物碱、甾体和萜类等活性成分，具有抗菌、抗炎、抗肿瘤等药理作用。翅果油树生长迅速，木材坚实耐磨、纹理细密，易于干燥加工，可制作家具等。植株根系发达，含丰富的根瘤菌，萌蘖力强、耐瘠薄、抗逆性强，是荒山绿化、土壤改良和水土保持的优良树种（陆俊等，2015）。

【繁殖方式】 翅果油树在生产上主要以种子繁殖与扦插繁殖为主。种子繁殖可以春季或者秋季播种。因种子具有休眠特性，春季播种，低温层积处理结合冷冻处理能够促进种子萌发，发芽率 60%；秋季可在土壤封冻前直接播种。生产上多采用嫩枝扦插，配合 ABT 处理后，插条生根率 82% 左右。还可以用种子作为外植体，进行组织培养繁殖苗木（庞晓慧，2007；许淑青等，2017）。

【引种情况】 植物园于 1980 年、1996 年，引种翅果油树种子。

【园区栽植地点】 现栽植于王锡彤墓南侧和樱桃沟。

花枝

叶面

叶背

32　刺榆

【学名】　*Hemiptelea davidii*（Hance）Planch.

【科属】　榆科 Ulmaceae 刺榆属 *Hemiptelea*

【保护级别】　吉林省二级、陕西省重点保护野生植物

【形态特征】　落叶小乔木或灌木，高可达 10 米；树皮深灰色或褐灰色，不规则的条状深裂；小枝灰褐色或紫褐色，被灰白色短柔毛，具粗而硬的棘刺；刺长 2～10 厘米；冬芽常 3 个聚生于叶腋，卵圆形。叶椭圆形或椭圆状矩圆形，稀倒卵状椭圆形，长 4～7 厘米，宽 1.5～3 厘米，先端急尖或钝圆，基部浅心形或圆形，边缘有整齐的粗锯齿，叶面绿色，幼时被毛，后脱落残留有稍隆起的圆点，叶背淡绿，光滑无毛，或在脉上有稀疏的柔毛，侧脉 8～12 对，排列整齐，斜直出至齿尖；叶柄短，长 3～5 毫米，被短柔毛；托叶矩圆形、长矩圆形或披针形，长 3～4 毫米，淡绿色，边缘具睫毛。小坚果黄绿色，斜卵圆形，两侧扁，长 5～7 毫米，在背侧具窄翅，形似鸡头，翅端渐狭呈缘状，果梗纤细，长 2～4 毫米。花期 4—5 月，果期 9—10 月。

全株

【天然分布】　国内，分布于安徽、甘肃、广西北部、河北、黑龙江、河南、湖北、湖南、江苏、江西、吉林、辽宁、内蒙古、宁夏、陕西、山东、山西、浙江。国外，分布于朝鲜。

【海拔与生境】　生长于海拔 2 000 米以下的坡地次生林中、村落路旁、土堤上、石砾河滩等地。

【物种价值】　刺榆寿命长，耐旱，耐瘠薄，固沙能力强，是我国干旱半干旱沙地

重要的造林树种。木材淡褐色，细致坚硬，可供农具、器具等用。树皮纤维可作人造棉、绳索、麻袋的原料。刺、花、叶茎等中含有黄酮类和多糖类物质，有抗凝血、镇痛消炎等作用。嫩叶可作饮料，种子可榨油。树枝有棘刺，且生长迅速，常呈灌木状，可作绿篱树种使用。刺榆萌芽力强，叶小枝密，是优良的盆景制作材料（石利春，2011）。

【繁殖方式】 刺榆主要利用种子进行繁殖。低温贮藏可以提高种子活力，种子在10～35℃均可萌发，最佳萌发温度25℃，发芽率90%左右。还可以利用刺榆半木质化新梢作为外植体，进行组织培养繁殖子代（曹宇，2017）。

【引种情况】 植物园于2002年、2012年，从吉林等地引种刺榆种子和小苗。

【园区栽植地点】 樱桃沟。

干

叶面

叶背

33 脱皮榆

【学名】 *Ulmus lamellosa* C. Wang & S. L. Chang

【科属】 榆科 Ulmaceae 榆属 *Ulmus*

【保护级别】 北京市、山西省重点保护野生植物

【形态特征】 落叶乔木，高 8～12 米，直径 15～20 厘米；树皮灰色或灰白色，呈不规则薄片脱落。幼枝密生伸展的腺状毛或柔毛，小枝淡黄褐色、淡褐色或灰褐色，无毛；小枝上无扁平而对生的木栓翅，仅在萌生枝的基部有时具周围膨大而不规则纵裂的木栓层。叶倒卵形，长 5～10 厘米，宽 2.5～5.5 厘米，先端尾尖或骤凸，基部楔形或圆，稍偏斜，叶面粗糙，密生硬毛或有毛迹，叶背微粗糙，幼时密生短毛。花常自混合芽抽出，春季与叶同时开放。花被钟状，6 浅裂，短柔毛。翅果常散生于新枝的近基部，稀 2～4 个簇生于上年生枝上，圆形至近圆形，两面及边缘有密毛，长 2.5～3.5 厘米，宽 2～2.7 厘米，顶端凹，花被宿存，果梗长 3～4 毫米，密生伸展的腺状毛与柔毛。花期 3—4 月，果期 4—5 月。

全株

【天然分布】 中国特有。分布于河北、河南、内蒙古、山西。

【海拔与生境】 生长于海拔 1 050～1 300 米的峡谷、山地；散生在林内或呈小片状纯林。

【物种价值】 脱皮榆对研究我国榆科植物系统演化，有重要的科学价值。成年植株寿命长，耐干旱，耐瘠薄，对土壤适应性广，具有良好的生态价值。其木材坚硬，可制造家具。翅果含油量高，是许多昆虫和鸟类重要的食物来源。种子油含丰富的癸酸，是重要的轻工业原料。植株树姿优美、干皮奇特，不仅具有很高的园林观赏价值，

干

枝条

还是制作盆景的优良树种（郑昕，2014）。

　　【繁殖方式】　脱皮榆目前主要依靠种子繁殖。种子不存在休眠，采集后可直接播种。种子播种后7天左右即可出苗，发芽率62%；幼苗期需要适度遮阴。还可以利用实生幼苗的子叶、叶及顶芽为外植体，建立快繁体系（古松，1994）。

　　【引种情况】　植物园于1997年、2002年，引种脱皮榆种子和小苗。

　　【园区栽植地点】　科研苗圃。

叶面

叶背

34　青檀

【学名】　*Pteroceltis tatarinowii* Maxim.

【科属】　大麻科 Cannabaceae 青檀属 *Pteroceltis*

【保护级别】　安徽省、北京市、重庆市、河北省、河南省、山西省重点保护野生植物

【形态特征】　落叶乔木，高达 20 米或 20 米以上，胸径达 70 厘米或 1 米以上；树皮灰色或深灰色，呈不规则的长片状剥落；小枝黄绿色，干时变栗褐色，疏被短柔毛，后渐脱落，皮孔明显，椭圆形或近圆形；冬芽卵形。叶纸质，宽卵形至长卵形，长 3～10 厘米，宽 2～5 厘米，先端渐尖至尾状渐尖，基部不对称，楔形、圆形或截形，边缘有不整齐的锯齿，基部 3 出脉，侧出的一对近直伸达叶的上部，侧脉 4～6 对，叶面绿，幼时被短硬毛，后脱落常残留有圆点，光滑或稍粗糙，叶背淡绿，在脉上有稀疏的或较密的短柔毛，脉腋有簇毛，

全株

其余近光滑无毛；叶柄长 5～15 毫米，被短柔毛。翅果状坚果近圆形或近四方形，直径 10～17 毫米，黄绿色或黄褐色，翅宽，稍带木质，有放射线条纹，下端截形或浅心形，顶端有凹缺，果实外面无毛或多少被曲柔毛，常有不规则的皱纹，有时具耳状附属物，具宿存的花柱和花被，果梗纤细，长 1～2 厘米，被短柔毛。花期 3—5 月，果期 8—10 月。

果枝

【天然分布】 中国特有。安徽、福建、甘肃南部、广东、广西、贵州、河北、河南、湖北、湖南、江苏、江西、辽宁、青海东南部、陕西、山东、山西、四川、浙江均有分布。

【海拔与生境】 生长于海拔 100～1 500 米地带。常生于山谷溪边及石灰岩山地，在华北多混生于温带落叶林中，华南地区混生于亚热带常绿阔叶林中（李晓红，2013）。

【物种价值】 青檀为单种属植物，是第三纪古热带植物区系孑遗植物，对研究古代植物区系、古地理及古气候有重要价值。青檀对气候适应性强、根系发达，耐旱耐湿，抗性强，既是钙质土壤的指示植物，也是石灰岩山地和河岸造林的先锋树种。青檀是我国重要经济纤维树种之一，其韧皮部纤维交织均匀，是制造宣纸的重要原料。茎叶可入药，有祛风、止血、止痛等作

干

用。木材坚硬细致，纹理通直，是农具、家具和建筑等的良好用材。叶片含多种氨基酸及微量元素，可作营养型饲料添加剂。青檀干皮奇特，树体高大，枝繁叶茂，具有良好的园林观赏价值（李晓红等，2013）。

【繁殖方式】 青檀主要依靠种子繁殖和扦插繁殖。种子具有生理休眠特性，低温层积、变温层积及赤霉素处理均能打破种子休眠，种子发芽率可达 83.5% 左右。扦插繁殖，以青檀半木质化嫩枝为插穗嫩枝扦插，配合 IBA 处理，插条生根率 80% 左右（张兴旺等，2007；李朝晖，2014）。

【引种情况】 植物园于 20 世纪 70 年代、2002 年、2018 年，引种青檀种子和小苗。

【园区栽植地点】 樱桃沟。

枝条

35　柘

【学名】　*Maclura tricuspidata* Carrière

【科属】　桑科 Moraceae 橙桑属 *Maclura*

【保护级别】　北京市、河北省地方重点保护植物

【形态特征】　落叶灌木或小乔木，高1～7米；树皮灰褐色，小枝无毛，略具棱，有棘刺。叶卵形或菱状卵形，偶为三裂，长5～14厘米，宽3～6厘米，基部楔形至圆形，表面深绿色，背面绿白色，无毛或被柔毛，侧脉4～6对；叶柄长1～2厘米，被微柔毛。雌雄异株，雌雄花序均为球形头状花序，单生或成对腋生，具短总花梗；雄花序直径0.5厘米，雄花有苞片2枚，附着于花被片上，花被片4，肉质，先端肥厚，内卷，内面有黄色腺体2个，雄蕊4，与花被片对生，花丝在花芽时直立，退化雌蕊锥形；雌花序直径1～1.5厘米，花被片与雄花同数，花被片先端盾形，内卷，内面下部有2黄色腺体，子房埋于花被片下部。聚花果近球形，直径约2.5厘米，肉质，成熟时橘红色。花期5—6月，果期6—7月。

全株

【天然分布】　国内，分布于安徽，福建，甘肃东南部，广东，广西，贵州，河北，河南，湖北，湖南，江苏，江西，陕西，山东，山西南部，四川，云南，浙江。国外，分布于朝鲜。

【海拔与生境】　生于海拔500～1 500（2 200）米、阳光充足的山地或林缘。

【物种价值】　柘在我国分布广泛，根系发达、适应性强，具有良好的生态价值。

其根、树皮、茎等富含黄酮类、甾醇类等多种化学成分，具有清热、活血通络等功效。茎皮纤维可以造纸；嫩叶可以养幼蚕；果可生食或酿酒。木材芯部黄色，可作黄色染料。其质地坚硬细致，是制作文玩等木器的优良原料。因柘小枝具棘刺，还是良好的绿篱树种（张欣芮等，2023）。

【繁殖方式】 柘可以利用种子和扦插繁殖苗木。目前，针对柘繁殖的研究较少。笔者曾利用低温层积的方法，处理本属植物橙桑（*Maclura pomifera*）的种子，种子发芽率 30%～40%，可供参考进行柘的种子繁殖。

【引种情况】 植物园于 2002 年、2009 年、2014 年，从陕西等地引种柘的小苗。

【园区栽植地点】 黄叶村、樱桃沟。

花枝

果枝

枝条

36 普陀鹅耳枥

【学名】 *Carpinus putoensis* W. C. Cheng

【科属】 桦木科 Betulaceae 鹅耳枥属 *Carpinus*

【保护级别】 国家一级重点保护野生植物；IUCN 级别：ER

【形态特征】 落叶乔木；树皮灰色；小枝棕色，疏被长柔毛和黄色椭圆形小皮孔，后渐无毛而呈灰色。叶厚纸质，椭圆形至宽椭圆形，长 5～10 厘米，宽 3～5 厘米，顶端锐尖或渐尖，基部圆形或宽楔形，边缘具不规则的刺毛状重锯齿，上面疏被长柔毛，下面疏被短柔毛，以后两面均渐变无毛，仅下面沿脉密被短柔毛及脉腋间具簇生的髯毛，侧脉 11～13 对；叶柄长 5～10 毫米，叶面疏被短柔毛。果序长 3～8 厘米，径 4～5 厘米；序梗、序轴均疏被长柔毛或近无毛、序梗长 1.5～3 厘米；果苞半宽卵形，长约 3 厘米，背面沿脉被短柔毛，内侧基部具长约 3 毫米的内折的卵形小裂片，外侧基部无裂片，中裂片半宽卵形，长约 2.5 厘米，顶端圆或钝，外侧边缘具不规则的齿牙状疏锯齿，内侧边缘全缘，直或微呈镰形。小坚果宽卵圆形，长约 6 毫米，无毛亦无腺体，具数肋。花期 5—6 月，果期 7—9 月。

全株

【天然分布】 中国特有，仅见于浙江省舟山群岛。现只有浙江省舟山市普陀山岛佛顶山慧济寺西侧山坡，1 株野外个体存活。

【海拔与生境】 生长于海拔 200～300 米山坡林中。分布区土壤为黄泥土（石质重壤），母岩为花岗岩，pH 值为 5，土层较为深厚（卢小根和邹达明，1990）。

【濒危原因】　普陀鹅耳枥花期3—4月，正值原产地阴雨天气相对集中的时期，恶劣的天气导致花粉传播不利。雌雄花分布位置不利于花粉传播，雄花主要分布在树冠的中下部，雌花主要分布在树冠的中上部。雌雄花开放时间不一致，有效授粉时间短且花粉活力低，存活时间短。以上因素均导致普陀鹅耳枥授粉概率低，种子结实量少、瘪粒多。人为破坏对普陀鹅耳枥原生境的影响也是其几乎野外灭绝的重要因素（李修鹏等，2010；张晓华等，2011）。

【物种价值】　普陀鹅耳枥对研究东亚植物区系有着特殊的研究价值，并对保护海岛植物遗传多样性、维护海岛生态系统平衡、推进浙江地区生态建设具有特殊意义。

枝干

【繁殖方式】　普陀鹅耳枥主要依靠种子繁殖。因种子容易丧失活力，采用秋季播种或者低温层积处理后春季播种。春季播种出苗率高于秋季播种，种子发芽率45%。幼苗期，忌暴晒及大风，需要适当的遮阴及保护（陈叶平，2011）。

【引种情况】　植物园于2019年，从浙江科研机构引种普陀鹅耳枥小苗。

【园区栽植地点】　科研苗圃。

叶面

叶背

37 山桐子

【学名】 *Idesia polycarpa* Maxim.

【科属】 杨柳科 Salicaceae 山桐子属 *Idesia*

【保护级别】 山西省重点保护野生植物

【形态特征】 落叶乔木，高 8～21 米；树皮淡灰色，不裂；小枝圆柱形，细而脆，黄棕色，有明显的皮孔，冬日呈侧枝长于顶枝状态，枝条平展，近轮生，树冠长圆形，当年生枝条紫绿色，有淡黄色的长毛；冬芽有淡褐色毛，有 4～6 片锥状鳞片。叶薄革质或厚纸质，卵形或心状卵形，或为宽心形，长 13～16 厘米，稀达 20 厘米，宽 12～15 厘米，先端渐尖或尾状，基部通常心形，边缘有粗的齿，齿尖有腺体，叶面深绿色，光滑无毛，叶背有白粉，沿脉有疏柔毛，脉腋有丛毛，基部脉腋更多，通常 5 基出脉，第二对脉斜升到叶片的 3/5 处；叶柄长 6～12 厘米，或更长，圆柱状，无毛，下部有 2～4 个紫色、扁平腺体，基部稍膨大。花单性，雌雄异株或杂性，黄绿色，有芳香，花瓣缺，排列成顶生下垂的圆锥花序，花序梗有疏柔毛，长 10～20 稀（10～30 厘米）；雄花比雌花稍大，直径约 1.2 厘米；萼片 3～6 片，通常 6 片，覆瓦状排列，长卵形，长约 6 毫米，宽约 3 毫米，有密毛；花丝丝状，被软毛，花药椭圆形，基部着生，侧裂，有退化子房；雌花比雄花稍小，直径约 9 毫米；萼片 3～6 片，通常 6 片，卵形，长约 4 毫米，宽约 2.5 毫米，外面有密毛，内面有疏毛；子房上位，圆球形，无毛，花柱 5 或 6，向外平展，柱头倒卵圆形，退化雄蕊多数，花丝短或缺。浆果成熟期紫红色，扁圆形，高（长）3～5 毫米，径 5～7 毫米，宽大于长，果梗细

全株

小，长 0.6～2 厘米；种子红棕色，圆形。花期 4—5 月，果熟期 10—11 月。

【天然分布】　国内，分布于安徽、福建、广东、广西、贵州、湖北、湖南、江苏、江西、陕西、山东、四川、云南、台湾、浙江；国外，分布于朝鲜及日本。

【海拔与生境】　生长于海拔 400～3 000 米低山区的山坡、山洼等落叶阔叶林和针阔叶混交林中，集中分布于海拔 900～1 400 米地带（秦岭以南至西南地区山地）。

【物种价值】　山桐子果实含油率达 36.71%，油中含有不饱和脂肪酸及大量的天然活性成分，具有很高的营养价值，是优质食用油资源。此外，山桐子油还

干

果序

雄花序

叶背

广泛应用于生物燃油、医药、保健品、化工等行业，具有十分广泛的应用前景。木材材质松软，可用于建筑、家具、器具等。花芳香，有蜜腺，是蜜源植物。成年植株抗性强，适应性广；树形优美，秋季果实朱红色，具有很高的观赏价值，是优秀的园林绿化树种（张晨和孙晓娜，2022）。

【繁殖方式】 山桐子主要采用播种和扦插进行繁殖。种子繁殖，需要提前去除种子表面蜡质，低温层积能够促进种子萌发。扦插繁殖采用硬枝扦插，配合生根液，枝条成活率可达 79.33% 左右。此外，以当年生枝条的腋芽或茎尖新萌顶芽为外植体，可建立其组织培养快繁体系（王海洋，2015）。

【引种情况】 植物园于 1973 年，开始引种山桐子小苗。

【园区栽植地点】 盆景园南侧及东北侧和樱桃沟。

叶面

38 河北杨

【学名】 *Populus × hopeiensis* Hu & Chow

【科属】 杨柳科 Salicaceae 杨属 *Populus*

【保护级别】 河北省重点保护野生植物

【形态特征】 乔木，高达 30 米。树皮黄绿色至灰白色，光滑；树冠圆大。小枝圆柱形，灰褐色，无毛，幼时黄褐色，有柔毛。芽长卵形或卵圆形，被柔毛，无黏质。叶卵形或近圆形，长 3～8 厘米，宽 2～7 厘米，先端急尖或钝尖，基部截形、圆形或广楔形，边缘有弯曲或不弯曲波状粗齿，齿端锐尖，内曲，上面暗绿色，下面淡绿色，发叶时下面被茸毛；叶柄侧扁，初时被毛与叶片等长或较短。雄花序长约 5 厘米，花序轴被密毛，苞片褐色，掌状分裂，裂片边缘具白色长毛；雌花序长 3～5 厘米，花序轴被长毛，苞片赤褐色，边缘有长白毛；子房卵形，光滑，柱头 2 裂。蒴果长卵形，2 瓣裂，有短柄。花期 4 月，果期 5—6 月。

景观

【天然分布】 中国特有。分布于甘肃，河北，内蒙古，陕西。

【海拔与生境】 多生于海拔 700～1 600 米的河流两岸、沟谷阴坡及冲积阶地上。

【物种价值】 河北杨适应性强、根系发达、耐寒、耐旱，是我国西北、华北黄土丘陵地区和沙滩地的优良造林树种，也是营造水土保持林的重要树种，具有良好的生态价值。其木材轻软致密、韧而富于弹性，可供建筑、农具、箱板等多种用途。河北杨树形美观、高大挺拔，是优良的行道树和园林绿化树种。

【繁殖方式】　河北杨生产中多利用扦插、根蘖、嫁接等无性繁殖方法。选择一年生枝条，春季硬枝扦插，结合生根剂处理后，插条成活率80%左右（刘红霞等，2013）。

【引种情况】　植物园于20世纪70年代，结合杨树区建设开始杨属植物的引种工作。

【园区栽植地点】　杨树区。

干

雌花序

雄花序

39 盐麸木

【学名】 *Rhus chinensis* Mill.

【科属】 漆树科 Anacardiaceae 盐麸木属 *Rhus*

【保护级别】 吉林省三级重点保护野生植物

【形态特征】 落叶小乔木或灌木，高 2～10 米；小枝棕褐色，被锈色柔毛，具圆形小皮孔。奇数羽状复叶有小叶（2）3～6 对，叶轴具宽的叶状翅，小叶自下而上逐渐增大，叶轴和叶柄密被锈色柔毛；小叶卵形、椭圆状卵形或长圆形，长 6～12 厘米，宽 3～7 厘米，先端急尖，基部圆形，顶生小叶基部楔形，边缘具粗锯齿或圆齿，叶面暗绿色，叶背粉绿色，被白粉，叶面沿中脉疏被柔毛或近无毛，叶背被锈色柔毛，脉上较密，侧脉和细脉在叶面凹陷，在叶背突起；小叶无柄。圆锥花序宽大，多分枝，雄花序长 30～40 厘米，雌花序较短，密被锈色柔毛；苞片披针形，长约 1 毫米，被微柔毛，小苞片极小，花白色，花梗长约 1 毫米，被微柔毛。雄花：花萼外面被微柔毛，裂片长卵形，长约 1 毫米，边缘具细睫毛；花瓣倒卵状长圆形，长约 2 毫米，开花时

全株

干

外卷；雄蕊伸出，花丝线形，长约2毫米，无毛，花药卵形，长约0.7毫米；子房不育。雌花：花萼裂片较短，长约0.6毫米，外面被微柔毛，边缘具细睫毛；花瓣椭圆状卵形，长约1.6毫米，边缘具细睫毛，里面下部被柔毛；雄蕊极短；花盘无毛；子房卵形，长约1毫米，密被白色微柔毛，花柱3，柱头头状。核果球形，略压扁，径4～5毫米，被具节柔毛和腺毛，成熟时红色，果核径3～4毫米。花期8—9月，果期10月。

【天然分布】 天然分布广泛。国内，分布于安徽、福建、甘肃、广东、广西、贵州、海南、河北、河南、湖北、湖南、江苏、江西、宁夏、青海、陕西、山东、山西、四川、台湾、西藏、云南、浙江。国外，分布于不丹、朝鲜、柬埔寨、老

雄花序

挝、马来西亚、日本、泰国、新加坡、印度、印度尼西亚、越南。

【海拔与生境】 生长于海拔 100～2 800 米的地带，向阳山坡、沟谷、溪边的疏林或灌丛中。

【物种价值】 盐麸木是我国重要的经济树种，本种为五倍子蚜虫寄主植物（其幼枝和叶上形成虫瘿，即五倍子），五倍子可供医药、工业使用。盐麸木根、叶、花、果均可入药，含有三萜类、黄酮类、酚酸类等物质，有抗肿瘤、抗病毒、抗菌、抗凝血等作用。果实中油脂含量高，可作为食用油及工业用油。蜜粉丰富，是多地重要的秋季蜜源植物。盐麸木还具有很高的生态价值和观赏价值。其分布广泛、适应能力强，耐干旱贫瘠，在重金属铜、铬、铅、锰胁迫下，均表现出良好的耐受性，可以作为荒山绿化树种及污染场地恢复的先锋树种。叶片秋季红色，核果橘红色，是优秀的秋季观叶观果植物（施翔，2017；叶永华，2018）。

【繁殖方式】 盐麸木主要依靠种子繁殖。种子种皮致密，硬实率高达 90% 左右。播种前浓硫酸浸种、热水浸种及层积处理，能够有效促进种子萌发，种子的最佳萌发温度 25℃，种子发芽率 80% 左右（王琼和宋桂龙，2008）。

【引种情况】 植物园于 1973 年、1977 年，从陕西等地引种盐麸木种子和小苗。

【园区栽植地点】 丁香园和梁启超墓。

叶面

叶背

40 血皮槭

【学名】 *Acer griseum*（Franch.）Pax

【科属】 无患子科 Sapindaceae 槭属 *Acer*

【保护级别】 重庆市、陕西省重点保护野生植物；IUCN 级别：EN

【形态特征】 落叶乔木，高 10～20 米；树皮橙红色或者红棕色，呈纸状的薄片脱落；小枝圆柱形，当年生枝淡紫色，密被淡黄色长柔毛，多年生枝深紫色或深褐色，二三年的枝上尚有柔毛宿存。冬芽小，鳞片被疏柔毛，覆叠。复叶有 3 小叶；小叶纸质，卵形，长 5～8 厘米，宽 3～5 厘米，先端钝尖，边缘有 2～3 个钝形大锯齿，顶生的小叶片基部楔形或阔楔形，侧生小叶基部斜形，叶面绿色，嫩时有短柔毛，渐老则近于无毛；叶背淡绿色，略有白粉，有淡黄色疏柔毛，叶脉上更密，主脉在叶面略凹下，在叶背凸起，侧脉 9～11 对，在叶面微凹下，在叶背显著；叶柄长 2～4 厘米，有疏柔毛。聚伞花序有长柔毛，常仅有 3 花；总花梗长 6～8 毫米；花淡黄色，杂性，

全株

秋色叶

雄花与两性花异株；萼片 5，长圆卵形，长 6 毫米，宽 2～3 毫米；花瓣 5，长圆倒卵形，长 7～8 毫米，宽 5 毫米；雄蕊 10，长 1～1.2 厘米，花丝无毛，花药黄色；花盘位于雄蕊的外侧；子房有茸毛；花梗长 10 毫米。小坚果黄褐色，凸起，近于卵圆形或球形，长 8～10 毫米，宽 6～8 毫米，密被黄色茸毛；翅宽 1.4 厘米，连同小坚果

果枝

长 3.2～3.8 厘米，张开近于锐角或直角。花期 4 月，果期 9 月。

【天然分布】　中国特有。分布于甘肃东南部、河南西南部、湖南西北部、山西南部、四川东部。

【海拔与生境】　分布于海拔 800～2 000 米地带，多生长在海拔 1 000～1 800 米的山地阔叶混交林、山地针阔叶混交林及山地山顶灌丛中。属于湿润山地植被类型，多分布在半阳坡、半阴坡、阴坡以及沟谷环境中。土壤类型以山地棕壤、黄棕壤、山地褐土为主（陈朋，2013）。

【濒危原因】　血皮槭生境范围狭窄，生存环境艰苦。成年植株 80% 左右不结实，只有满足一定光照条件的林缘和空旷地带的植株才能正常结实。野生结实单株的种子空粒率高达 60% 左右，有胚种子生活力只有 30% 左右。土壤种子库中的种子数量少，种子生活力低。种子具有双重休眠，以上因素导致种子天然萌发率低。林下光照条件差，种间竞争激烈等因素，造成幼苗成苗率低。人为砍伐及盗挖小苗等均加剧了种群分布碎片化，遗传多样性减少，加速了血皮槭天然更新缓慢（张川红，2012；叶学敏，2017）。

【物种价值】　血皮槭不仅具有很高的

干

花枝

经济价值，还极具园林观赏价值。其树干挺直、木材坚硬、材质细密、纹理美观，可作为车轮、家具、建筑材料及乐器、工艺品的原料；树皮纤维可为造纸及人造棉提供原料。血皮槭冠型圆满、枝叶繁密；叶片夏季浓绿、秋季火红，落叶期晚；干皮奇特，终年橙红色或红棕色，呈纸片状卷曲状剥落，是优秀的庭园树种，被誉为最美丽的槭树（郭幸飞等，2017）。

【繁殖方式】　血皮槭主要依靠种子繁殖。种子存在生理休眠及种皮机械束缚，低温层积处理和雪藏处理均可以促进种子萌发。还可以利用血皮槭的嫩茎、叶片为外植体，进行组织培养繁殖苗木。

【引种情况】　植物园于1992年、1996年、2015—2018年，先后10次从陕西等地引种血皮槭种子。

【园区栽植地点】　黄叶村北侧。

花序

41 庙台槭

【学名】 *Acer miaotaiense* P. C. Tsoong

【科属】 无患子科 Sapindaceae 槭属 *Acer*

【保护级别】 国家二级重点保护野生植物；IUCN 级别：NT

【形态特征】 落叶乔木，高 20～25 米；树皮深灰色、稍粗糙；小枝近于圆柱形，当年生枝紫褐色、无毛，多年生枝灰色，皮孔淡黄色、近于椭圆形。叶纸质，外貌近于阔卵形，长 7～9 厘米，宽 6～8 厘米，基部心脏形或近于心脏形、稀截形，常 3～5 裂，裂片卵形、先端短急锐尖，边缘微呈浅波状，裂片间的凹块钝形，叶面深绿色，无毛，叶背淡绿色有短柔毛，沿叶脉较密；初生脉 3～5 条和次生脉 5～7 对均在

全株

下面较在上面为显著；叶柄比较细瘦，长 6～7 厘米，基部膨大，无毛。花序顶生，伞房状圆锥形。花黄绿色。萼片 5，长圆形，长约 4 毫米，边缘具缘毛。花瓣 5，倒卵状披针形，与萼片边等长。雄蕊 8。花盘圆形，边缘残波状浅裂。果序伞房状，连同长 8～10 毫米的总果梗在内约长 5 厘米，无毛；果梗细瘦，约长 3 厘米。小坚果扁平，长与宽均约 8 毫米，被很密的黄色茸毛；翅长圆形，宽 8～9 毫米，连同小坚果长 2.5 厘米，张开几成水平。花期不明，果期 9 月。

【天然分布】 中国特有。分布于甘肃东南部、河南西南部、湖北西北部、陕西南部、浙江（张赟，2022）。

干

叶面

【海拔与生境】 生长于海拔700～1 600米阔叶林中。多分布于阴坡或半阳坡，光照较好的沟谷、山坡丛林中及林缘地带。

【濒危原因】 庙台槭生境狭窄，对环境及气候要求严格。野生种群中幼树适应性差，部分种群中成熟个体数量下降明显。因分布碎片化，导致授粉困难，成年植株结实率低。部分个体虽然结实量较大，但由于胚珠败育导致大量种子不育。而良好种子由于休眠期长，萌发条件苛刻，在休眠过程中损失较大。以上因素造成种群天然成苗率低，很难扩大种群数量。此外，人为干扰从一定程度上也限制了庙台槭的天然更新（孟庆法等，2016；李翔等，2018）。

【物种价值】 庙台槭作为我国特有种，具有独特的形态特征，对研究槭属植物的起源、演化及种质资源保存等有重要科学价值。庙台槭的皮、叶、果实可作栲胶原料，种子可榨油；木材白色而坚韧，供建筑和制器具等用材。庙台槭树形较大、枝叶繁多，叶形美观、果实奇特，萌芽力强、耐修剪，是很有前途的园林绿化树种。

花枝

【繁殖方式】 庙台槭生产中多采用扦插进行繁殖，选用一年生枝条做插穗，去除插穗基部的表层木栓；70% 光照利于插条生根，插条生根率50% 左右。种子具有深度休眠，外种皮、内种皮及胚中均含有萌发抑制物质；低温层积150 天可以促进种子萌发。此外，还可选用组织培养技术进行扩繁（张赟，2022；吴超然等，2023）。

【引种情况】 植物园于2012 年、2018 年，从陕西等地引种庙台槭种子。

【园区栽植地点】 科研苗圃。

42　飞蛾槭

【学名】 *Acer oblongum* Wall. ex DC.

【科属】 无患子科 Sapindaceae 槭属 *Acer*

【保护级别】 河南省重点保护野生植物

【形态特征】 常绿或半常绿乔木，高 10～20 米；树皮灰色或深灰色，粗糙，裂成薄片脱落；小枝细瘦，近于圆柱形；当年生嫩枝紫色或紫绿色，近于无毛；多年生老枝褐色或深褐色。叶革质，长圆卵形，长 5～7 厘米，宽 3～4 厘米，全缘，基部钝形或近于圆形，叶面绿色，有光泽，叶背有白粉；基部的一对侧脉较长，其长度约为叶片中部；叶柄长 2～3 厘米，黄绿色，无毛。花杂性，绿色或黄绿色，雄花与两性花同株，常成被短毛的伞房花序，顶生于具叶的小枝；萼片 5，长圆形，先端钝尖，长 2 毫米；花瓣 5，倒卵形，长 3 毫米；雄蕊 8，细瘦，无毛，花药圆形；花盘微裂，位于雄蕊外侧；子房被短柔毛，在雄花中不发育，花柱短，无毛，2 裂，柱头反卷；花梗长 1～2 厘米，细瘦。翅果嫩时绿色，成熟时淡黄褐色；小坚果凸起呈四棱形，长 7 毫米，宽 5 毫米；翅与小坚果长 1.8～2.5 厘米，宽 8 毫米，张开近于直角；果梗长 1～2 厘米，细瘦，无毛。花期 4 月，果期 9 月。

全株

【天然分布】 国内，分布于河南西南部、湖北西部、四川、云南、福建西北部、甘肃南部、广东、江西、陕西南部、西藏南部、云南。国外，分布于巴基斯坦、克什米尔、老挝、缅甸、尼泊尔、日本、泰国、印度、越南。

【海拔与生境】 生长于海拔 1 000～
1 800 米的阔叶林中。

【物种价值】 飞蛾槭是河南传统工艺
品——南阳烙花筷的原料之一。飞蛾槭叶片
革质且树形美观，花开时白花繁密，秋季果
实累累。成年植株在全光条件下生长良好，
并对重金属污染具有良好的抗性和净化能
力，是很有前途的园林绿化植物（毕波等，
2012）。

【繁殖方式】 飞蛾槭生产上主要依靠种
子繁殖。9 月下旬，果实变色后，即可采集
种子。室外层积处理和沙藏处理能够促进种
子萌发，种子发芽率 80% 左右。还可以用一
年生枝条，配合激素进行扦插繁殖（曹炜等，
2014）。

干

【引种情况】 植物园于 2012 年、2015 年、2018 年，从陕西引种飞蛾槭种子。

【园区栽植地点】 科研苗圃。

秋色叶

叶面

43 五小叶槭

【学名】 *Acer pentaphyllum* Diels

【科属】 无患子科 Sapindaceae 槭属 *Acer*

【保护级别】 国家二级重点保护野生植物；四川省重点保护野生植物；IUCN 级别：CR

【形态特征】 落叶乔木，高达 10 米；树皮深褐色或灰褐色，常裂成不规则的薄片脱落；小枝圆柱形，无毛；当年生枝紫色，多年生枝紫褐色，有椭圆的皮孔。冬芽圆锥状，鳞片卵形，先端锐尖，紫色，覆瓦状排列。掌状复叶，有小叶 4～7，通常 5；小叶纸质阔窄披针形，长 5～9 厘米，宽 1.4～1.7 厘米，先端锐尖，基部楔形或阔楔形，全缘；小叶柄长 5～8 毫米，淡黄色，无毛；叶面深绿色，无毛，叶背灰白色，略被白粉，主脉在叶面显著，在叶背凸起，侧脉 17～19 对，在两面均仅微显著；叶柄长 6～7 厘米，淡紫色，无毛。伞房花序，由着叶的小枝顶端生出，无毛；总花梗长 1～1.5 厘米；花淡绿色，杂性，雄花与两性花同株；萼片 5，长圆卵形，长 2.2～

全株

2.5 毫米；花瓣 5，长圆形或狭长圆形，长 3.5～4 毫米；雄蕊 8，花丝无毛，长 6 毫米，花药黄色，卵圆形，在两性花中雄蕊较短；花盘位于雄蕊的外侧；子房被淡黄色疏柔毛，花柱无毛，柱头反卷。小坚果淡紫色，凸起，径 5 毫米，略被疏柔毛；翅淡黄绿色，宽 1 厘米，连同小坚果长 2.5～2.8 厘米，张开近于锐角或钝角；果梗细瘦，长 2～3 厘米，无毛；总果梗长 1.5～2 厘米。花期 4 月，果期 9 月。

【天然分布】 中国特有。分布于四川西部，雅江县、康定县、九龙县和木里县的雅砻江河谷地带（郝云庆等，2019）。

【海拔与生境】 生长于海拔 2 300～2 900 米的干旱疏林中、雅砻江中上游干旱河谷地带。

枝干

枝条

叶面

叶背

【濒危原因】 五小叶槭野生种群呈零星分布，且多生长在容易产生山体滑坡的地区。生存条件恶劣，林下条件不利于种子萌发及幼苗生长。干旱季节缺水，往往导致幼苗死亡率高。五小叶槭野生种群处于人为干扰剧烈地段，牲畜啃食、薪柴砍伐、道路及水电站修建等因素严重威胁种群生存（罗晓波等，2017；马文宝等，2021）。

【物种价值】 五小叶槭是槭属唯一的五小叶组植物，对研究槭属植物的起源和进化具有重要意义。独特的狭披针形叶与其他槭属植物在叶形上形成显著差别，秋天叶片由绿变黄至金红色，色彩绚丽，具有较高的观赏价值，是很有前途的园林绿化树种。

【繁殖方式】 五小叶槭主要依靠种子进行繁殖。种子存在休眠特性，低温层积或者露天沙藏能够有效解除种子休眠，种子发芽率30%左右（吴超然等，2023）。

【引种情况】 植物园于2019—2020年，从甘肃等地引种五小叶槭种子和苗木。

【园区栽植地点】 科研苗圃。

44 天山槭

【学名】 *Acer tataricum* subsp. *semenovii*（Regel & Herder）Pax

【科属】 无患子科 Sapindaceae 槭属 *Acer*

【保护级别】 新疆维吾尔自治区重点保护野生植物

【形态特征】 落叶灌木或小乔木、高 3～5 米；树皮灰色，纵裂，条纹细密；小枝圆柱形，紫色或黄褐色，无毛。叶近于革质，基部圆形，不裂或 3～5 裂，边缘有锯齿或重锯齿，先端锐尖。上面绿色，下面淡绿色；叶柄细瘦，长 2～4 厘米，无毛。花序伞房状，被短而粗的腺毛。花多而密集、淡绿色。翅果嫩时被疏柔毛及腺毛；翅的基部狭窄，先端膨大成半圆形、无毛，嫩时淡红色，成熟时淡黄色，连同小坚果长 3～3.5 厘米，张开成直角。花期 5—6 月，果期 9 月。

全株

【天然分布】 国内，分布于新疆西部。国外，分布于阿富汗、俄罗斯南部、亚洲南部。

【海拔与生境】 生长于海拔 2 000～2 200 米的河谷、斜坡的疏林中。

【物种价值】 天山槭树形美观，春季花朵繁密，秋季叶片转为红色，具有很高的观赏价值。新疆地区成年植株适应能力强，是当地优秀的园林绿化树种。

【繁殖方式】 现阶段，天山槭主要依靠种子繁殖。乌鲁木齐地区，8 月翅果由绿色转为黄色，即可采摘。种子存在休眠现象，播种前低温层积处理能够促进种子萌发。

【引种情况】 植物园于 1988 年、2008 年、2017 年，从新疆引种天山槭种子。

【园区栽植地点】 科研苗圃。

果枝

干

叶面

花枝

45　七叶树

【学名】　*Aesculus chinensis* Bunge

【科属】　无患子科 Sapindaceae 七叶树属 *Aesculus*

【保护级别】　河南省重点保护野生植物

【形态特征】　落叶乔木，高约 25 米，幼时小枝无毛或被微柔毛至密被长柔毛。叶柄 7～15 厘米，被浅灰色微柔毛或无毛；叶片具小叶 5～7 厘米；小叶柄 0.5～2.5（3）厘米，被浅灰色微柔毛或无毛；小叶叶片长圆状披针形、倒披针形长圆形、长圆形或长圆状倒卵形，[8～25（30）] 厘米 ×[3～8.5（10.5）] 厘米，背面无毛，在脉上被浅灰色茸毛（有时只是幼时有），侧脉 13～25 对。花序被微柔毛或无毛；花序梗 5～10 厘米；聚伞圆锥花序圆筒状，15～35 厘米，基部宽 2.5～12（14）厘米；分枝 2～4（6）厘米，5～10 花；花梗 2～8 毫米，开花芳香。花萼 3～7 毫米，背面被微柔毛或无毛。花瓣 4，白色，具黄的斑点，近等长，长圆状倒卵形倒披针形到长圆形，（8～14）毫米 ×（3～5）毫米，背面被微柔毛。雄蕊 6 或 7，18～30 毫米；花丝无毛；花药 1～1.5 毫米。花柱无毛或在先端之外具长柔毛。蒴果黄棕色，卵球形、球状、倒卵球形，或梨形，3～4.5 厘米，密被点但平滑；干燥后，果皮厚 1～6 毫米。种子 1 或 2，棕色，或近球形，径 2～3.5 厘米；种脐白色，占种子面积的 1/3～1/2。花期 4—6 月，果期 9—10 月。

全株

盛花期

【天然分布】　分布于重庆、甘肃南部、贵州、广东北部、河南西南部、湖北西部、湖南、江西西部、陕西南部、四川和云南。

【海拔与生境】　多生长于海拔 2 000～2 300 米山区阴坡阔叶林及灌丛中。

【物种价值】　七叶树果实为中药娑罗子，具有宝贵的药用价值。果实及种子可提取七叶苷、香豆素类、黄酮类等多种化学成分，具有抗炎、消肿、止痛、提高毛细血管张力、改善血液循环等功效，已被广泛应用于临床治疗中。七叶树提取物还可用于制造化妆品、减肥产品；种子含淀粉可食用；嫩叶可食或代茶饮；叶及花可作颜料、燃料；木材结构紧密，可供建筑、家具、造纸等用途。七叶树是集观叶、观花、观果于一身的优秀园林绿化树种。此外，七叶树还具有深厚的植物文化底蕴，是著名的佛教植物之一（熊艳等，2016）。

【繁殖方式】　七叶树以播种繁殖为主。种子具顽拗性，不耐干燥，常规条件下容易丧失生活力。种子采集后，需要及时播种；或将种子置于 0～4℃低温层积，翌年春季播种。赤霉素溶液浸泡能够促进种子萌发，种子发芽率达 82%。还可采用扦插、组织培养等无性繁殖方法进行繁殖。选用七叶树的嫩梢茎段、总叶柄及叶片为外植体进行组织培养，均能诱导出愈伤组织，建立离体快繁体系（穆红梅等，2012）。

【引种情况】　建园前，已经有七叶树在园内栽植，园内现有七叶树古树 2 株。建园后，植物园于 1996 年、2003 年、2011 年，多次引种七叶树种子和苗木。

【园区栽植地点】　卧佛寺、卧佛寺周边及樱桃沟。

花序

果序

叶面

46 金钱槭

【学名】　*Dipteronia sinensis* Oliv.

【科属】　无患子科 Sapindaceae 金钱槭属 *Dipteronia*

【保护级别】　重庆市、河南省重点保护野生植物

【形态特征】　落叶小乔木，高 5～15 米；小枝纤细，圆柱形，幼嫩部分紫绿色，较老的部分褐色或暗褐色，皮孔卵形。叶为对生的奇数羽状复叶，长 20～40 厘米；小叶纸质，通常 7～13 枚，长圆卵形或长圆披针形，长 7～10 厘米，宽 2～4 厘米，先端锐尖或长锐尖，基部圆形，边缘具稀疏的钝形锯齿，叶面绿色，无毛，叶背淡绿色，沿叶脉及脉腋具短的白色丛毛，中肋在上面显著，在下面凸起；叶柄长 5～7 厘米，圆柱形。圆锥花序顶生或腋生，直立，长 15～30 厘米，花梗长 3～5 毫米；花白色、杂性，雄花与两性花同株，萼片卵形或椭圆形，花瓣 5，阔卵形，长 1 毫米，宽 1.5 毫米，与萼片互生；雄蕊 8，长于花瓣，花丝无毛，在两性花中则较短；子房扁形，被长硬毛，2 室，在雄花中则不发育，花柱很短，柱头 2，向外反卷。果实为翅

全株

干

花枝

果枝

果，常有两个扁形的果实生于一个果梗上，果实的周围围着圆形或卵形的翅，长 2～2.8 厘米，宽 1.7～2.3 厘米，嫩时紫红色，被长硬毛，成熟时淡黄色，无毛；种子圆盘形，径 5～7 毫米。花期 4 月，果期 9 月。

【天然分布】 中国特有。分布于甘肃东南部、贵州北部、河南西南部、湖北西部、湖南、山西南部、陕西、四川东部。

【海拔与生境】 生长于海拔 1 000～2 400 米的林边或疏林中。

【物种价值】 金钱槭起源古老，是中国特有的第三纪孑遗植物，对研究无患子科植物进化与地理分布有着重要价值。其树形优美，枝叶潇洒，翅果夏季嫩红色，颜色俏丽，十分醒目；秋季，果实转为黄色，像一个个小铜钱挂在枝头，十分奇特可爱；具有一定的园林观赏价值（冯钰，2021）。

【繁殖方式】 金钱槭主要以种子和扦插繁殖为主。播种前，低温层积处理能够促进种子萌发，种子发芽率 70% 左右。选取当年生枝条作为插条，嫩枝扦插成活率高于硬枝扦插，成活率 90% 左右（雷颖和任继文，2014）。

【引种情况】 植物园于 1973 年、1980 年、1991 年、2000 年，多次从甘肃、陕西等地引种金钱槭种子。

【园区栽植地点】 科研苗圃。

47 文冠果

【学名】 *Xanthoceras sorbifolium* Bunge

【科属】 无患子科 Sapindaceae 文冠果属 *Xanthoceras*

【保护级别】 河北省、山西省重点保护野生植物

【形态特征】 落叶灌木或小乔木，高 2～5 米；小枝粗壮，褐红色，无毛。叶连柄长 15～30 厘米；小叶 4～8 对，膜质或纸质，披针形或近卵形，两侧稍不对称，长 2.5～6 厘米，宽 1.2～2 厘米，顶端渐尖，基部楔形，边缘有锐利锯齿，顶生小叶通常 3 深裂，腹面深绿色，无毛或中脉上有疏毛，背面鲜绿色。花序先叶抽出或与叶同时抽出，两性花花序顶生，雄花序腋生，长 12～20 厘米，直立，总花梗短，基部常有残存芽鳞；花梗长 1.2～2 厘米；苞片长 0.5～1 厘米；萼片长 6～7 毫米，两面被灰色茸毛；花瓣白色，基部紫红色或黄色，有清晰的脉纹，长约 2 厘米，宽 7～10 毫米，爪之两侧有须毛；花盘的角状附属体橙黄色，长 4～5 毫米；雄蕊长约 1.5 厘米，花丝无毛；子房被灰色绒毛。蒴果长达 6 厘米；种子长达 1.8 厘米，黑色而有光泽。花期春季，果期秋初。

全株

【天然分布】 国内，分布于甘肃、河北、河南、内蒙古、宁夏、陕西、山东、山西。国外，分布于韩国。

【海拔与生境】 天然生长于海拔 52～2 260 米，在海拔 800～1 800 米分布较为集中。主要生长在沟谷、丘陵、山坡的阳坡、半阳坡地带（万群芳等，2010）。

【物种价值】 文冠果种仁含油量高，35% 左右。种子油中富含粗蛋白、17 种氨基

花序

酸及不饱和脂肪酸、神经酸等多种活性物质，不仅营养价值丰富，还具有抑菌、抗炎及抗氧化等作用，可用于治疗风湿病、阿尔茨海默病等；种子油的碳链长度与普通柴油的碳链长度极为接近，是很有开发潜力的生物能源之一。文冠果耐干旱、盐碱，适应性强，是荒山绿化的先锋树种。其花期长、花序大、花色鲜艳，具有很高的观赏价值（敖妍等，2012）。

干

【繁殖方式】 文冠果主要依靠种子繁殖和扦插繁殖。青海西宁地区，播种前种子先经过机械处理或者热水浸种处理后，在30℃条件进行催芽处理，种子发芽率可达92%左右。山西太原地区，2月中旬至5月，选取一年生枝条为插条配合 IBA 处理和苗床加热进行硬枝扦插，插条生根率可达65.55%。还可以用种子、茎段、叶片为外植体，进行组织培养繁殖（徐青萍，2006）。

【引种情况】　植物园于 1996 年、2002—2003 年，引种文冠果种子。

【园区栽植地点】　丁香园、月季园及科研苗圃。

果枝

叶面

48　黄檗

【学名】 *Phellodendron amurense* Rupr.

【科属】 芸香科 Ruraceae 黄檗属 *Phellodendron*

【保护级别】 国家二级重点保护野生植物

【形态特征】 乔木，树高 10～30 米，胸径 1 米；枝扩展，成年树的树皮有厚木栓层，浅灰或灰褐色，深沟状或不规则网状开裂，内皮薄，鲜黄色，味苦，黏质，小枝暗紫红色，无毛。叶轴及叶柄均纤细，有小叶 5～13 片，小叶薄纸质或纸质，卵状披针形或卵形，长 6～12 厘米，宽 2.5～4.5 厘米，顶部长渐尖，基部阔楔形，一侧斜尖，或为圆形，叶缘有细钝齿和缘毛，叶面无毛或中脉有疏短毛，叶背仅基部中脉两侧密被长柔毛，秋季落叶前叶色由绿转黄而明亮，毛被大多脱落。花序顶生；萼片细

全株

果序

小，阔卵形，长约 1 毫米；花瓣紫绿色，长 3～4 毫米；雄花的雄蕊比花瓣长，退化雌蕊短小。果圆球形，径约 1 厘米，蓝黑色，通常有 5～8（10）浅纵沟，干后较明显；种子通常 5 粒。花期 5—6 月，果期 9—10 月。

【天然分布】　国内，分布于安徽、河北、黑龙江、吉林、辽宁、山东、山西；国外，分布于朝鲜、俄罗斯远东地区和日本。

【海拔与生境】　黄檗分布于 0～2 900 米地带。最北界北纬 52°，最南界北纬 39°。东北林区常零散分布于河谷两侧及山地中下腹的阔叶林或红松（云杉）阔叶混交林中；华北山地多散生于沟边及山坡中下部。

【濒危原因】　黄檗雌雄异株，野生资源多呈零星分布，不利于昆虫传粉。种子具有深休眠特性，天然条件下不易萌发。黄檗的落叶及果皮对幼苗产生化感作用，抑制幼苗生长。人为砍伐和原生境的破坏，也造成了黄檗种群天然更新缓慢（限颖和王立军，2010；周志强等，2015）。

【物种价值】　黄檗是第三纪古热带植物区系的孑遗植物，对研究古代植物区系、古地理及第四季冰川期气候变化等具有重要价值。黄檗是重要的经济树种，其内皮即

干

花序

叶面

为关黄柏，是临床应用比较广泛的药物，为国家重点保护野生药材；果实可作驱虫剂及染料，种子含油 7.76%，可制作肥皂和润滑油。黄檗还是中国东北著名的三大珍贵阔叶树种之一，木材坚硬，材质优良，用途广泛。其树姿优美，秋色叶黄色，成熟的浆果为紫黑色，具有良好的观赏价值，可作庭园树及行道树使用（杨洪升等，2017）。

【繁殖方式】 黄檗主要依靠种子繁殖。春播种子需要低温处理，一般采用沙藏处理后再进行播种。无性繁殖方法包括扦插、组织培养等。扦插繁殖选取硬枝扦插，配合植物生长调节剂可以促进插穗生根。以黄檗顶芽和腋芽的茎段为外植体材料进行组织培养繁殖，可建立快繁体系（刘琰璐等，2011）。

【引种情况】 植物园于 1975 年，引种黄檗小苗。

【园区栽植地点】 黄叶村东南侧和科研苗圃。

49　紫椴

【学名】 *Tilia amurensis* Rupr.

【科属】 锦葵科 Malvaceae 椴属 *Tilia*

【保护级别】 国家二级重点保护野生植物

【形态特性】 乔木，高25米，树皮暗灰色，片状脱落；嫩枝初时有白丝毛，很快变秃净，顶芽无毛，有鳞苞3片。叶阔卵形或卵圆形，长4.5～6厘米，宽4～5.5厘米，先端急尖或渐尖，基部心形，稍整正，有时斜截形，叶面无毛，叶背浅绿色，脉腋内有毛丛，侧脉4～5对，边缘有锯齿，齿尖突出1毫米；叶柄长2～3.5厘米，纤细，无毛。聚伞花序长3～5厘米，纤细，无毛，有花3～20朵；花柄长7～10毫米；苞片狭带形，长3～7厘米，宽5～8毫米，两面均无毛，下半部或下部1/3与花序柄合生，

全株

基部有柄长1～1.5厘米；萼片阔披针形，长5～6毫米，外面有星状柔毛；花瓣长6～7毫米；退化雄蕊不存在；雄蕊较少，约20枚，长5～6毫米；子房有毛，花柱长5毫米。果实卵圆形，长5～8毫米，被星状茸毛，有棱或有不明显的棱。花期7月。

【天然分布】 国内，分布于北京、黑龙江、吉林、辽宁。国外，分布于朝鲜、俄罗斯（许梅等，2017）。

【海拔与生境】 生长于海拔300～1 400米冷杉或者云杉林中。

【濒危原因】 紫椴种皮透水性差、种胚后熟等造成种子休眠程度深，种子萌发困难。林下枯落物等影响种子萌发，种子在天然林中的繁殖率不到5%。林下光照条件影响幼苗生长；幼苗抗寒能力差，容易冻伤，进而导致幼苗生长不良。因紫椴具

果枝

干　　　　　　　　　　　　　花序

有很高的经济价值，人为破坏较为严重。以上因素造成紫椴种群的天然更新缓慢（穆立蕾和刘赢男，2007；邹琦，2007）。

【物种价值】　紫椴是东北植被区红松阔叶林群落的主要伴生树种及人工天然复合群落的优良混交组分，具有很高的生态价值和经济价值。其木材是优质胶合板及细木工板的重要材料。紫椴是世界著名的蜜源树种，蜂蜜质量上乘。花和根可入药，种子可榨油，供工业用。紫椴树形优美，花芳香馥郁、叶片季相明显。成年植株抗烟、抗毒性强，虫害少，是优秀的园林绿化植物，具有很大的开发利用空间（王洪峰等，2011）。

【繁殖方式】　紫椴主要依靠种子和扦插繁殖。种子不仅种皮厚，还具有生理休眠。播种前温水浸种结合变温层积处理能够促进种子萌发，种子发芽率80%左右。选取二三年生实生苗萌蘖枝条为插条，配合生长调节剂扦插繁殖，插条生根率可达80%左右（韩友志，2020；孔雨光等，2022）。

【引种情况】　植物园于1975年、1981年、1986年、2016年，多次从长春等地引种紫椴种子和小苗。

【园区栽植地点】　丁香园。

50 辽椴

【学名】 *Tilia mandshurica* Rupr. & Maxim.

【科属】 锦葵科 Malvaceae 椴属 *Tilia*

【保护级别】 吉林省三级重点保护野生植物

【形态特征】 落叶乔木，高 20 米，直径 50 厘米，树皮暗灰色；嫩枝被灰白色星状茸毛，顶芽有茸毛。叶卵圆形，长 8～10 厘米，宽 7～9 厘米，先端短尖，基部斜心形或截形，叶面无毛，叶背密被灰色星状茸毛，侧脉 5～7 对，边缘有三角形锯齿，齿刻相隔 4～7 毫米，锯齿长 1.5～5 毫米；叶柄长 2～5 厘米，圆柱形，较粗大，初时有茸毛，很快变秃净。聚伞花序长 6～9 厘米，有花 6～12 朵，花序柄有毛；花柄长 4～6 毫米，有毛；苞片窄长圆形或窄倒披针形，长 5～9 厘米，宽 1～2.5 厘米，上面无毛，下面有星状柔毛，先端圆，基部钝，下半部 1/3～1/2 与花序柄合生，基部有柄长 4～5 毫米；萼片长 5 毫米，外面有星

全株

状柔毛，内面有长丝毛；花瓣长 7～8 毫米；退化雄蕊花瓣状，稍短小；雄蕊与萼片等长；子房有星状茸毛，花柱长 4～5 毫米，无毛。果实球形，长 7～9 毫米，有 5 条不明显的棱。花期 7 月，果实 9 月成熟。

【天然分布】 国内，分布于河北、黑龙江、吉林、江苏、辽宁、内蒙古、山东。国外，分布于朝鲜、俄罗斯、日本。

【海拔与生境】 混生于海拔 200～500 米的落叶阔叶混交林中。

【物种价值】 辽椴为椴属中优质野生种质资源，可作为亲本培育出具有较强稳定

花特写

干

性及适应性的栽培品种。花含多糖及可溶性糖，是重要的蜜源植物，亦可入药；树皮含纤维量高，全树纤维占比达 50%，是优质纤维原料来源树种。木材较轻软，不易翘裂，可作家具、文具、造纸等用。辽椴树冠整齐，枝繁叶茂，花黄色芳香，果实奇特，具有良好的观赏效果（杨永强等，2022）。

【繁殖方式】 辽椴多以种子繁殖为主。因种子具有双重休眠，播种前需沙藏 1 年后，才能解除种子休眠。目前针对辽椴的无性繁殖方法研究较少，可参照椴属植物的无性繁殖方法，如扦插、分株、压条等进行繁殖（林士杰等，2022）。

【引种情况】 植物园于 20 世纪 70 年代，开始引种辽椴。

【园区栽植地点】 澄碧湖北侧。

果序

花序

叶面

枝条

叶背

51 蒙椴

【学名】　*Tilia mongolica* Maxim.

【科属】　锦葵科 Malvaceae　椴属 *Tilia*

【保护级别】　河北省重点保护野生植物

【形态特征】　落叶乔木，高 10 米，树皮淡灰色，有不规则薄片状脱落；嫩枝无毛，顶芽卵形，无毛。叶阔卵形或圆形，长 4～6 厘米，宽 3.5～5.5 厘米，先端渐尖，常出现 3 裂，基部微心形或斜截形，叶面无毛，叶背仅脉腋内有毛丛，侧脉 4～5 对，边缘有粗锯齿，齿尖突出；叶柄长 2～3.5 厘米，无毛，纤细。聚伞花序长 5～8 厘米，有花 6～12 朵，花序柄无毛；花柄长 5～8 毫米，纤细；苞片窄长圆形，长 3.5～6 厘米，宽 6～10 毫米，两面均无毛，上下两端钝，下半部与花序柄合生，基部有柄，长约 1 厘米；萼片披针形，长 4～5 毫米，外面近无毛；花瓣长 6～7 毫米；退化雄蕊花瓣状，稍窄小；雄蕊与萼片等长；子房有毛，花柱秃净。果实倒卵形，长 6～8 毫米，被毛，有棱或有不明显的棱。花期 7 月。

全株

【天然分布】　分布于河北、河南、辽宁、内蒙古、山西。

【海拔与生境】　多生长于海拔 308～1 221 米的土壤和水分条件较好的山坡上，与落叶阔叶林混生（何桂梅等，2017）。

【物种价值】　蒙椴为椴属中优质野生种质资源，可作为亲本培育出具有较强稳定性及适应性的栽培品种。叶片可入药，富含三萜类化合物，具有溶血、抗癌、消炎、抗菌等功效。树叶中还含有抑制光肩星天牛生长的化学成分。植株有吸附烟尘的功能，具有良好的生态价值。木材色浅，可供建筑及家具用材，也是胶合板的优质原料。蒙椴树形优美，秋色叶金黄，果实奇特，具有良好的景观效果（王瑞亭等，2010）。

【繁殖方式】 蒙椴的繁殖方式可分为有性繁殖及无性繁殖。播种前结合化学与物理相方法，对种子进行处理可提高种子萌发率，发芽率达 86% 左右。无性繁殖方法可选用扦插、组织培养等，通过施用外源激素进行扦插生根率达 62.8% 左右，组织培养繁殖时选取蒙椴腋芽为外植体可快速建立快繁体系（王文凤等，2007；李常猛等，2022）。

【引种情况】 植物园于 20 世纪 70 年代，开始引种蒙椴。

【园区栽植地点】 澄碧湖北侧。

干

花序

果序

秋色叶

叶面

叶背

52 珙桐

【学名】 *Davidia involucrata* Baill.

【科属】 蓝果树科 Nyssaceae 珙桐属 *Davidia*

【保护级别】 国家一级重点保护野生植物

【形态特征】 落叶乔木，高 15 ~ 20 米；树皮深灰色或深褐色，常裂成不规则的薄片而脱落。叶纸质，互生，阔卵形或近圆形，长 9 ~ 15 厘米，宽 7 ~ 12 厘米，顶端急尖或短急尖，基部心脏形或深心脏形，边缘有粗锯齿，亮绿色，幼时上面生长柔毛，叶背弥生淡黄色粗毛；叶柄圆柱形，长 4 ~ 5 厘米。两性花与雄花同株，由多数的雄花与 1 个雌花或两性花呈近球形的头状花序，径约 2 厘米，着生于幼枝的顶端；基部具纸质、矩圆状卵形或矩圆状倒卵形的苞片 2 ~ 3 枚，长 7 ~ 15 厘米，宽 3 ~ 5 厘米，初淡绿色，继变为乳白色，后变为棕黄色而脱落。雄花无花萼及花瓣，有雄蕊 1 ~ 7，花丝纤细，无毛，花药椭圆形，紫色；雌花或两性花具下位子

全株

房，6 ~ 10 室，与花托合生，子房的顶端具退化的花被及短小的雄蕊，花柱粗壮，分成 6 ~ 10 枝，柱头向外平展，每室有 1 枚胚珠，常下垂。果实为长卵圆形核果，长 3 ~ 4 厘米，径 15 ~ 20 毫米，紫绿色具黄色斑点，外果皮薄，中果皮肉质，内果皮骨质具沟纹，种子 3 ~ 5 枚；果梗粗壮，圆柱形。花期 4—5 月，果期 10 月。

【天然分布】 中国特有。分布于甘肃、贵州、湖北、湖南、陕西、四川、云南、重庆（罗世家，2012）。

初花期

盛花期　　　　　　　　　　　　　　　　　　干

【海拔与生境】　珙桐天然生长于海拔 600（壶瓶山）～3 200 米（云南省高黎贡山）。在海拔 1 100～1 800 米地带分布较为普遍，多生长于常绿阔叶或落叶阔叶混交林中。分布地区的土壤多为山地黄壤和山地黄棕壤，pH 值为 4.5～6.0，土层较厚（贺金生等，1995）。

【濒危原因】　气候变化是珙桐分布区不断减少的主要因素之一。珙桐对生长环境要求苛刻，喜欢空气湿度高的生长环境，不能耐受 38℃以上的高温。种子败育严重，每个果实中平均只有 2 枚种子；种子的休眠程度很深，在自然条件下需要 2～3 年才能萌发，且种子发芽率仅为 3%。种群内部竞争激烈，幼苗死亡率高，天然成苗率低。珙桐因果实较大，成熟后只能散落在母树周围，导致其传播范围有限，种群范围很难扩大。人为过早、过多地采集珙桐果实，导致部分地区珙桐的天然种群更新困难、分布面积逐渐减少（张征云等，2003；苏瑞军和苏智先，2005）。

【物种价值】　珙桐起源古老，是第三纪古热带植物区系的孑遗种。在植物系统发育和地史变迁研究上有很高的研究价值。木材质量优良，可作为家具、建筑和工艺美术的原材料。树皮与果皮中可提取栲胶或制备活性炭。叶片中含槲皮素、山奈酚等黄酮类化合物，具有抗肿瘤、抗衰老、增强免疫力等药理作用；叶片还可以制作茶汤。种子和果皮是食品油和是工业用油的原材料。珙桐是世界著名木本观赏植物之一，具有很高的观赏价值。花期时，白色苞片包裹着紫红色的头状花序在枝头绽放，神似无数白鸽在树上停留，有着"鸽子树"的美称（李世丽等，2018）。

【繁殖方式】 珙桐的繁殖可分为有性繁殖和无性繁殖。有性繁殖以种子繁殖为主，生产上多采用低温层积处理、变温层积处理等方法促进种子萌发，种子发芽率 70% 左右。珙桐的无性繁殖分为扦插繁殖、组织培养、压条繁殖、嫁接繁殖等。实际应用中多采用扦插繁殖。扦插繁殖分为嫩枝扦插和硬枝扦插。嫩枝扦插多在夏季展开，硬枝扦插在春秋季进行，嫩枝扦插成活率高于硬枝扦插，插条成活率 70% 左右（田效琴和李卓，2017；程立君等，2019）。

【引种情况】 植物园于 20 世纪 80 年代开始珙桐引种工作，分别于 1991 年、2005 年、2008—2009 年、2019 年先后 12 次从甘肃、河南、湖南、陕西等地引种珙桐种子和小苗。

果枝

【园区栽植地点】 科研苗圃和宿根园。

叶面

花特写

53　八角枫

【学名】 *Alangium chinense*（Lour.）Harms

【科属】 山茱萸科 Cornaceae 八角枫属 *Alangium*

【保护级别】 北京市、河北省重点保护野生植物

【形态特征】 落叶乔木或灌木，高 3～5 米；小枝略呈"之"字形，幼枝紫绿色，无毛或有稀疏的疏柔毛。叶纸质，近圆形或椭圆形、卵形，顶端短锐尖或钝尖，基部两侧常不对称，叶长 13～19（26）厘米，宽 9～15（22）厘米，不分裂或 3～7（9）裂，裂片短锐尖或钝尖；叶面深绿色，无毛，叶背淡绿色，除脉腋有丛状毛外，其余部分近无毛；基出脉 3～5（7），呈掌状，侧脉 3～5 对；叶柄长 2.5～3.5 厘米，紫绿色或淡黄色。聚伞花序腋生，长 3～4 厘米，被稀疏微柔毛，有 7～30（50）花，花梗长 5～15 毫米；总花梗长 1～1.5 厘米，常分节；花冠圆筒形，长 1～1.5 厘米，花萼长 2～3 毫米，顶端分裂为 5～8 枚齿状萼片，长 0.5～1 毫米，宽 2.5～3.5 毫米；花瓣 6～8，线形，长 1～

全株

1.5 厘米，宽 1 毫米，基部黏合，上部开花后反卷，外面有微柔毛，初为白色，后变黄色；雄蕊和花瓣同数而近等长，花丝略扁，长 2～3 毫米，有短柔毛，花药长 6～8 毫米，药隔无毛，外面有时有褶皱；花盘近球形；子房 2 室，花柱无毛，疏生短柔毛，柱头头状，常 2～4 裂。核果卵圆形，长 5～7 毫米，径 5～8 毫米，幼时绿色，成熟后黑色，种子 1 颗。花期 5—7 月和 9—10 月，果期 7—11 月。

花序

【天然分布】　国内，分布于安徽、重庆、福建、甘肃、广东、广西、贵州、海南、河南、湖北、湖南、江苏、江西、山西、四川、台湾、西藏南部、云南及浙江；国外，分布于不丹、尼泊尔、印度、非洲东部、亚洲东南部各国。

【海拔与生境】　生长于海拔 2 500 米以下的山地、疏林中及林缘地带。

【物种价值】　八角枫根茎均可入药，根为中药白龙须，茎为中药白龙条，具有宝贵的药用价值。根茎含有生物碱、糖及其苷类、蒽醌及其苷类等物质，具有消炎、麻醉及松弛肌肉的作用，可以治疗风湿、跌打损伤、外伤止血。树皮纤维可编绳索；木材是家具及天花板原材料。八角枫叶形独特，大如手掌；花朵洁白，玲珑可爱，具有良好的园林观赏价值（张译敏等，2019）。

枝干

【繁殖方式】　八角枫多采用播种进行有性繁殖。种子存在休眠特性，播种前需对种子进行处理。低温层积 90 天和赤霉素浸种能够有效促进种子萌发，种子发芽率 86% 左右。现阶段，无性繁殖未见报道（于滨和王成，2015）。

【引种情况】　植物园于 1973 年、1975 年、1980 年、2000 年，从甘肃、陕西等地引种八角枫种子和小苗。

【园区栽植地点】　澄明湖东侧。

果枝

叶面

54 山茱萸

【学名】 *Cornus officinalis* Siebold & Zucc.

【科属】 山茱萸科 Cornaceae 山茱萸属 *Cornus*

【保护级别】 山西省重点保护野生植物

【形态特征】 落叶乔木或灌木，高 4～10 米；树皮灰褐色；小枝细圆柱形。叶对生，纸质，卵状披针形或卵状椭圆形，长 5.5～10 厘米，宽 2.5～4.5 厘米，全缘，叶面绿色，叶背浅绿色，脉腋密生淡褐色丛毛，中脉在叶面明显，叶背凸起，侧脉 6～7 对，弓形内弯；叶柄细圆柱形，长 0.6～1.2 厘米，上面有浅沟，下面圆形，稍被贴生疏柔毛。伞形花序生于枝侧，有总苞片 4，卵形，厚纸质至革质，长约 8 毫米，带紫色；总花梗粗壮，长约 2 毫米，微被灰色短柔毛；花小，两性，先叶开放；花萼裂片 4，阔三角形，与花盘等长或稍长，长约 0.6 毫米，无毛；花瓣 4，舌状披针形，长 3.3 毫米，黄色，向外反卷；雄蕊 4，与花瓣互生，长 1.8 毫米，花丝钻形，花药椭圆形，2 室；花盘垫状，无毛；花托倒卵形，长约 1 毫米，密被贴生疏柔毛，花柱圆柱

全株

果枝

干

形，长 1.5 毫米，柱头截形；花梗纤细，长 0.5～1 厘米，密被疏柔毛。核果长椭圆形，长 1.2～1.7 厘米，径 5～7 毫米，红色至紫红色。花期 3—4 月，果期 9—10 月。

【天然分布】 国内，分布于安徽、甘肃、河南、湖南、江苏、江西、山东、山西、陕西、浙江。国外，分布于朝鲜、日本。

【海拔与生境】 主要生长于海拔 400～1 500 米地带的林缘或森林中，稀达 2 100 米地带。

【物种价值】 山茱萸是我国传统名贵中药材树种。果肉入药，富含环烯醚萜类成分、有机酸、鞣质、多糖等物质，具有降血糖、抗肿瘤、保护心肌、调节骨代谢、保护神经元、抗菌抗炎等多种药理作用，是治疗糖尿病、冠心病

花枝

和高血压等常用药的主要材料。山茱萸春季花期早、花色靓丽、花型素雅；秋季果实累累、颜色艳丽，具有很高的观赏价值（周迎春等，2020）。

【繁殖方式】 山茱萸主要依靠种子繁殖和扦插繁殖。种子存在生理后熟现象，低温层积、变温处理，或者酸腐果壳均能够促进种子萌发。扦插繁殖，插条选取一年生嫩枝，浸泡吲哚丁酸溶液后，能够提高插条生根率。还可以利用组织培养，以茎段和叶片为外植体，建立植物快繁体系。

【引种情况】 植物园于1975年、1996年、2009年、2010年，从甘肃等地引种山茱萸种子和小苗。

【园区栽植地点】 卧佛寺广场、树木区、月季园等多处。

叶面

叶背

55 细果秤锤树

【学名】 *Sinojackia microcarpa* C. T. Chen & G. Y. Li

【科属】 安息香科 Styracaceae 秤锤树属 *Sinojackia*

【保护级别】 国家二级重点保护野生植物

【形态特征】 落叶大灌木；树高 8～9 米，胸径 5 厘米；茎直径 2～4 厘米，有刺。叶卵圆形或椭圆形，长 6～12 厘米，顶端渐尖，基部楔形或圆形，边缘有疏锯齿。总状花序，有花 3～7 朵。花两性，下垂。萼片通常 6 齿，花冠白色，通常深 6 裂，裂片长圆状披针形，长 7～8 毫米。雄蕊通常 12，子房下位，3 室。果梗长 0.5～2 毫米，果实不裂，纺锤状，灰褐色，干后有 6～12 条棱，长 1.5～2 厘米，径 3～4 毫米，顶端钻形，喙长 0.5～1 厘米。外果皮薄，疏被星状毛；中果皮不发育；内果皮薄，骨质。种子单生，长约 1 厘米，种皮光滑。花期 3—4 月，果期 10—11 月（胡长贵，2008；苏小菱等，2009）。

【天然分布】 中国特有。分布于安徽池州贵池区、黄山歙县、芜湖南陵县、宣城泾县、宣城宁国市；浙江杭州富阳区、杭州桐庐县、建德市建德林场、金华金东区、临安青山湖景区、义乌（台昌锐等，2022）。

【海拔与生境】 主要生长于海拔 33～252 米的山坡或沟谷两侧。

【濒危原因】 气候变化是细果秤锤树分布区域逐渐缩小的因素之一。天然生境狭窄，种群多呈条带状分布，导致居群间隔离、天然更新缓慢。种子不仅空粒率高达

花枝

全株

90%，还存在深度休眠，自然条件下萌发困难。林下多为溪水或者土壤条件较差，不利于种子萌发及幼苗生长。种群内部竞争激烈，幼苗死亡率高。植物分布海拔较低且多为水边，受人为干扰严重，这也是细果秤锤树天然分布日趋缩小的因素之一（方庆等，2022）。

【物种价值】 细果秤锤树对研究我国安息香科秤锤树属植物的系统发育有着重要意义。早春花开，花朵洁白灵动；枝干奇特、常具棘刺；果实细长有棱，具有很高的观赏价值。

【繁殖方式】 本种的具体繁殖技术未见报道。本属即秤锤树属（*Sinojackia*）植物可利用种子、扦插、组织培养等手段进行繁殖。

【引种情况】 植物园于2021年，从浙江科研机构引种细果秤锤树小苗。

【园区栽植地点】 科研苗圃。

果枝

干

叶面

56　软枣猕猴桃

【学名】 *Actinidia arguta*（Sieb. & Zucc.）Planch. ex Miq.

【科属】 猕猴桃科 Actinidiaceae 猕猴桃属 *Actinidia*

【保护级别】 国家二级重点保护野生植物

【形态特征】 大型落叶藤本；小枝，长 7～15 厘米，隔年枝灰褐色；叶膜质或纸质，卵形、长圆形、阔卵形至近圆形，长 6～12 厘米，宽 5～10 厘米，顶端急短尖，基部圆形至浅心形，边缘具繁密的锐锯齿，腹面深绿色，无毛，背面绿色；叶柄长 3～6（10）厘米。花序腋生或腋外生，为 1～2 回分枝，1～7 花，花序柄长 7～10 毫米，花柄 8～14 毫米，苞片线形，长 1～4 毫米。花绿白色或黄绿色，芳香，径 1.2～2 厘米；萼片 4～6 枚；花瓣 4～6 片，楔状倒卵形或瓢状倒阔卵形，长 7～9 毫米，1 花 4 瓣的其中有 1 片二裂至半；花丝丝状，长 1.5～3 毫米，花药黑色或暗紫色，长圆形箭头状，长 1.5～2 毫米；子房瓶状，长 6～7 毫米，洁净无毛，花柱长 3.5～4 毫米。果圆球形至柱状长圆形，成熟时绿黄色或紫红色。种子纵径约 2.5 毫米。花期 4 月，果期 8—10 月。

全株

【天然分布】 国内，分布于安徽、河北、河南、黑龙江、吉林、辽宁、山东、山西、云南、浙江。国外，分布于日本、朝鲜。

【海拔与生境】 生长于海拔 700～3 600 米的山地森林、灌丛中。

果枝

【濒危原因】 软枣猕猴桃雌雄异株，种内及种间竞争激烈，天然条件下幼苗成活率低。因果实食用价值高，人为砍伐、破坏现象屡有发生。近年来，旅游开发、道路建设等均导致居群数量不断减少（张童等，2021）。

干

【物种价值】 软枣猕猴桃分布广、抗寒性强、果实无毛，易于开发利用。国际上很多优秀的猕猴桃品种均以软枣猕猴桃为培育亲本，保护其遗传多样性对今后开发猕猴桃新品种有重要意义。软枣猕猴桃果肉柔软多汁，富含维生素、烟酸、矿物质等多种营养成分。果实可制成饮料、果酒、果脯、果冻、口服液、精油等。其根、茎、叶及果实中含有多糖、多酚、蒽醌、三萜及生物碱等活

雌株花枝

雄株花枝

叶面

性成分，具有抗菌、抗氧化、抗肿瘤、降血糖及抑制肥胖等药理作用。蜂花粉具有低脂肪、高蛋白的特点，并含有丰富的氨基酸、脂肪酸、多糖等物质，有预防糖尿病及心血管疾病的功能（丁玉萍等，2022）。

【繁殖方式】　软枣猕猴桃主要以种子、扦插繁殖苗木。温水浸种和赤霉素浸种能够促进种子萌发，种子发芽率可达 70% 左右。辽宁地区，6 月选取当年半木质化枝条，配合 IBA 浸泡枝条，插条生根率 80%～90%；河北地区，春季选取当年萌生枝条，配合 ABT 或者 IAA，插条生根率 70% 左右。也可利用组织培养技术以腋芽、叶片及茎段为外植体，建立无性快繁体系（龙茹等，2010；屈德洪等，2017 年；孙阳，2021）。

【引种情况】　植物园于 1975 年、1999 年、2012 年、2015 年，多次从吉林等地引种软枣猕猴桃种子和小苗。

【园区栽植地点】　科研苗圃、黄叶村和樱桃沟。

57　中华猕猴桃

【学名】　*Actinidia chinensis* Planch.

【科属】　猕猴桃科 Actinidiaceae 猕猴桃属 *Actinidia*

【保护级别】　国家二级重点保护野生植物；重庆市重点保护野生植物

【形态特征】　大型落叶藤本；幼枝或厚或薄地被毛，老时秃净或留有断损残毛；花枝短的4～5厘米，长的15～20厘米；隔年枝无毛，皮孔长圆形，比较显著或不甚显著；髓白色至淡褐色，片层状。叶纸质，倒阔卵形至倒卵形，长6～17厘米，宽

全株

7～15厘米，顶端截平形并中间凹入或具突尖，基部钝圆形、截平形至浅心形，边缘具脉出的直伸的睫状小齿，腹面深绿色，无毛或中脉和侧脉上有少量软毛或散被短糙毛，背面苍绿色，密被灰白色或淡褐色星状茸毛，侧脉5～8对，常在中部以上分歧成叉状，横脉比较发达；叶柄长3～6（10）厘米，被毛。聚伞花序1～3花，花序柄长7～15毫米，花柄长9～15毫米；苞片小，卵形或钻形，长约1毫米，均被毛；花初开放时白色，开放后变淡黄色，有香气，径1.8～3.5厘米；萼片3～7片，通常5片，

雌株花枝

雄株花枝

阔卵形至卵状长圆形，长 6～10 毫米，两面密被压紧的黄褐色茸毛；花瓣 5 片，有时少至 3～4 片或多至 6～7 片，阔倒卵形，有短距，长 10～20 毫米，宽 6～17 毫米；雄蕊极多，花丝狭条形，长 5～10 毫米，花药黄色，长圆形，长 1.5～2 毫米，基部叉开或不叉开；子房球形，径约 5 毫米，密被金黄色的压紧交织茸毛或不压紧不交织的刷毛状糙毛，花柱狭条形。花期 4—5 月，果期 9 月。果黄褐色，近球形、圆柱形、倒卵形或椭圆形，长 4～6 厘米，被茸毛、长硬毛或刺毛状长硬毛。

【天然分布】　中国特有。分布于陕西、湖北、湖南、河南、安徽、江苏、浙江、江西、福建、广东和广西等地。

【海拔与生境】　生长于海拔 200～600 米低山区的山林中，一般多出现于高草灌丛、灌木林或次生疏林中。

【濒危原因】　我国早期对中华猕猴桃野生资源重视不足，物种保护较晚。环境恶化和人为破坏均导致中华猕猴桃野外种群日趋缩小（刘亚令，2010）。

【物种价值】　中华猕猴桃果实大、果汁多，富含多种氨基酸、糖类、维生素等，具有很高的营养价值。其分布广、适应强，在我国多个省份均能生长良好，是我国重要的猕猴桃属野生植物资源，也是国内外商业栽培利用最广泛的种类之一。根含槲皮素、山柰酚、三萜类、黄酮类、多糖类等物质，有抗氧化、抗肿瘤作用，能增强人体免疫力（王鑫杰等，2012）。

【繁殖方式】　中华猕猴桃主要是利用种子繁殖和扦插繁殖。温水浸种结合低温层积 14 天可以解除种子休眠，种子发芽率 74%。选取一年生枝条，吲哚丁酸溶液浸泡插条，对插条生根有促进作用。也可利用组织培养技术以成熟种子、叶片为外植体，建立无性快繁体系（龙云树等，2020）。

【引种情况】　植物园 20 世纪 70 年代、2018 年、2022 年，从湖北、四川等地引种中华猕猴桃种子和小苗。

【园区栽植地点】　树木区和樱桃沟。

叶面　　　　　　　　　　　　　　　　　　果枝

58　杜仲

【学名】　*Eucommia ulmoides* Oliv.

【科属】　杜仲科 Eucommiaceae 杜仲属 *Eucommia*

【保护级别】　安徽省、重庆市、河南省、浙江省重点保护野生植物；IUCN 级别：VU

【形态特征】　落叶乔木，高达 20 米，胸径约 50 厘米；树皮灰褐色，粗糙，内含橡胶，折断拉开有多数细丝。嫩枝有黄褐色毛，不久变秃净，老枝有明显的皮孔。芽体卵圆形，外面发亮，红褐色，有鳞片 6～8 片，边缘有微毛。叶椭圆形、卵形或矩圆形，薄革质，长 6～15 厘米，宽 3.5～6.5 厘米；基部圆形或阔楔形，先端渐尖；叶面暗绿色，初时有褐色柔毛，不久变秃净，老叶略有皱纹，叶背淡绿，初时有褐毛，以后仅在脉上有毛；侧脉 6～9 对，与网脉在叶面下陷，在叶背稍突起；边缘有锯齿；叶柄长 1～2 厘米，上面有槽，被散生长毛。花生于当年枝基部，雄花无

全株

花被；花梗长约 3 毫米，无毛；苞片倒卵状匙形，长 6～8 毫米，顶端圆形，边缘有睫毛，早落；雄蕊长约 1 厘米，无毛，花丝长约 1 毫米，药隔突出，花粉囊细长，无退化雌蕊。雌花单生，苞片倒卵形，花梗长 8 毫米，子房无毛，1 室，扁而长，先端 2 裂，子房柄极短。翅果扁平，长椭圆形，长 3～3.5 厘米，宽 1～1.3 厘米，先端 2 裂，基部楔形，周围具薄翅；坚果位于中央，稍突起，子房柄长 2～3 毫米，与果梗相接处有关节。种子扁平，线形，长 1.4～1.5 厘米，宽 3 毫米，两端圆形。早春开花，秋后果实成熟。

【天然分布】　中国特有。分布于甘肃、贵州、河南、湖北、湖南、陕西、四川、

果枝

干

云南、浙江。

【海拔与生境】 生长于海拔 300～2 500 米的谷地或低坡的疏林中。对土壤的选择并不严格，在瘠薄的红土或岩石峭壁均能生长。

【濒危原因】 杜仲因利用价值较高，天然群落受人为干扰严重。森林砍伐等因素导致杜仲天然更新速度缓慢，种群面积不断缩小[1]。

【物种价值】 杜仲起源古老，既是第三纪子遗植物，也是中国特有单科单属植物，对研究被子植物系统发育及演化有重要价值。杜仲是宝贵的中药药材，在我国有 2 000 多年的药用历史。其枝、叶、果及树皮可提取出多种化合物，具有降血压、降血脂、降血糖、抗肿瘤、抗氧化等功效。此外，花可作代茶饮，具有保健作用。树叶、树皮及果皮中白色丝状物质为天然高分子材料——杜仲胶，现已被广泛应用于工

① 2023-10-20. https://www.iucnredlist.org/species/31280/130694949.

花枝

叶特写

叶背

业、水利、电力、医疗器材、体育器材等领域。杜仲木材纹理细致，可用于制造家具。杜仲枝叶繁茂、冠大荫浓、果形奇特，适应性强，是优秀的园林绿化树种（冯晗等，2015）。

【繁殖方式】　杜仲可采用种子繁殖或无性繁殖。因种子具有休眠特性，播种前剥除果翅，用赤霉素浸泡处理或者低温层积处理，促进种子萌发，发芽率可达76.7%。无性繁殖包括嫩枝扦插、嫁接、压条、组织培养等方法，以杜仲的幼嫩茎段为外植体材料进行组织培养，配合适当浓度的生长素及分裂素，可成功诱导杜仲无性繁殖体系（李佳等，2019）。

【引种情况】　植物园于20世纪50—60年代，结合树木区建设引种杜仲。

【园区栽植地点】　黄叶村周边。

叶面

59　流苏树

【学名】 *Chionanthus retusus* Lindl. & Paxt.

【科属】 木樨科 Oleaceae　流苏树属 *Chionanthus*

【保护级别】 北京市重点保护野生植物

【形态特征】 落叶灌木或乔木，高可达 20 米；小枝灰褐色或黑灰色，圆柱形，无毛，幼枝疏被或密被短柔毛。叶片革质或薄革质，长圆形、椭圆形或圆形，长 3～12 厘米，宽 2～6.5 厘米，全缘或有小锯齿，叶缘稍反卷，幼时叶面沿脉被长柔毛，中脉在叶面凹入，叶背凸起，侧脉 3～5 对，细脉在两面常明显微凸起；叶柄长 0.5～2 厘米，密被黄色卷曲柔毛。聚伞状圆锥花序，长 3～12 厘米，顶生于枝端；单性而雌雄异株或为两性花；花梗长 0.5～2 厘米，纤细，无毛；花萼长 1～3 毫米，4 深裂，裂片尖三角形或披针形，长 0.5～2.5 毫米；花冠白色，4 深裂，裂片线状倒披针形，长（1）1.5～2.5 厘米，宽 0.5～3.5 毫米。果椭圆形，被白粉，长 1～1.5 厘米，径 6～10 毫米，呈蓝黑色或黑色。花期 3—6 月，果期 6—11 月。

全株

盛花期

果枝

【天然分布】 国内，分布于福建、甘肃、广东、河北、河南、江西、陕西、山西、四川、台湾、云南；国外，分布于朝鲜、日本。

【海拔与生境】 生长于海拔0～3 000米地带的稀疏混交林、灌丛、河边、山坡等地。

【物种价值】 流苏树寿命长、分布广，具有抗风、抗空气污染的能力。果实含油量丰富，可作工业用油。木材坚硬，可制作器具、装饰加工等。花和嫩叶，可制作茶饮。花、芽和叶含黄酮类、多酚类等物质，具有药用价值。树体优美，枝叶繁茂；盛花期，繁花如雪，花香清雅，具有很高的观赏价值，是优秀的园林绿化植物（孙鲜明等，2015）。

干

【繁殖方式】 流苏树主要依靠种子繁殖和扦插繁殖。因种子具有休眠特性，播种前变温层积或低温层积结合适度干藏，可以有效促进种子萌发，种子发芽率60%～70%。南京地区，7月选取半木质化枝条为扦插材料，辅助浸泡生长激素，插穗生根率70%左右。利用组织培养以种胚、芽、茎段等为外植体，可以成功繁殖流苏树子代（樊莉丽等，2016）。

【引种情况】　植物园于1978年、2000年、2001年，从山东等地引种流苏树种子和小苗。

【园区栽植地点】　黄叶村北侧、盆景园和树木区。

花序

枝条

叶面

60 连翘

【学名】 *Forsythia suspensa*（Thunb.）Vahl

【科属】 木樨科 Oleaceae 连翘属 *Forsythia*

【保护级别】 河北省重点保护野生植物

【形态特征】 落叶灌木；枝开展或下垂，棕色、棕褐色或淡黄褐色，小枝土黄色或灰褐色，略呈四棱形，疏生皮孔，节间中空，节部具实心髓。叶通常为单叶，或3裂至三出复叶，叶片卵形、宽卵形或椭圆状卵形至椭圆形，长2～10厘米，宽1.5～5厘米，先端锐尖，基部圆形、宽楔形至楔形，叶缘除基部外具锐锯齿或粗锯齿，上面深绿色，下面淡黄绿色，两面无毛；叶柄长0.8～1.5厘米，无毛。花通常单生或2至数朵着生于叶腋，先于叶开放；花梗长5～6毫米；花萼绿色，裂片长圆形或长圆状椭圆形，长（5）6～7毫米，先端钝或锐尖，边缘具睫毛，与花冠管近等长；花冠黄色，裂片倒卵状长圆形或长圆形，长1.2～2厘米，宽6～10毫米；在雌蕊长5～7毫米花中，雄蕊长3～5毫米，在雄蕊长6～7毫米的花中，雌蕊长约3毫米。果卵球形、卵

景观

全株

花枝

果枝

状椭圆形或长椭圆形，长 1.2～2.5 厘米，宽 0.6～1.2 厘米，先端喙状渐尖，表面疏生皮孔；果梗长 0.7～1.5 厘米。花期 3—4 月，果期 7—9 月。

【天然分布】　分布于安徽、河北、河南、湖北、陕西、山东、山西、四川。

【海拔与生境】　生长于海拔 250～2 200 米，900 米以下或 1 300 米以上易形成混生群落；海拔 900～1 300 米可形成连翘自然群落。主要分布于天然次生林区的林间空地、林缘荒地、山坡灌丛以及山间荒坡上（曲欢欢，2008）。

【物种价值】　连翘的干燥果实为我国临床常用传统中药之一。果实中含有连翘苷、连翘酯苷、齐墩果酸等成分，具有清热解毒、消炎抗菌、利尿强心、镇吐、镇痛等功效，可用于治疗急性风热感冒、高血压、痢疾、咽喉痛等。叶可以作代茶饮，也可作天然食品抗氧化剂。籽可榨油，油味芳香，营养丰富。花有美容养颜的作用。连翘根系发达，适应性强，既耐干旱瘠薄，也耐修剪，在微酸性、中性、微碱性土壤等均能正常生长，具有良好的生态价值。连翘株型饱满，枝条茂盛，早春先花后叶，花期长，花量大，盛花期极为醒目，是北方城市早春优良的观花灌木，具有良好的景观效果。（张海燕，2000）。

枝条

【繁殖方式】　连翘的萌生及分生能力强，生产中多以扦插育苗为主。硬枝及软枝均可作为插穗，采条时取枝条节间处部位剪下扦插，配合生根粉，生根率可达 61.7% 左右。此外，还可采用压条、分株等无性繁殖方式进行繁殖。连翘种皮坚硬，播种繁殖前采用化学方法对种子进行预处理，可有效提高萌发率（杨福红等，2021）。

【引种情况】　植物园于 20 世纪 70 年代，开始连翘的引种工作。

【园区栽植地点】　科普馆西侧、中轴路两侧等多处栽植。

叶面

叶背

61　狭叶梣

【学名】 *Fraxinus baroniana* Diels

【科属】 木樨科 Oleaceae 梣属 *Fraxinus*

【保护级别】 IUCN 级别：VU

【形态特征】 落叶小乔木，高约 4 米；树皮灰白色，浅裂；小枝直立，灰色或淡黄色，节稍膨大，皮孔甚稀少而不明显。羽状复叶长 12～18（20）厘米；叶柄长 2～3 厘米，基部稍膨大；叶轴通直，叶面具阔沟，沟棱锐利，有时呈窄翅状，小叶着生处具关节；小叶革质，7～9 枚，狭披针形，长（3.5）5～8（10）厘米，宽 1～1.8（2.2）厘米，两端长渐尖，叶缘略反卷，具整齐疏锯齿，叶背中脉基部两侧被白色或黄色髯毛，中脉在叶面凹入，叶背凸起，侧脉 8～12 对，直达齿尖，两面均凸起；小叶柄长 3～5 毫米。圆锥花序顶生或腋生，长 8～12 厘米。花雌雄异株，花萼钟状，长约 1.5 毫米，萼齿三角形，膜质；无花冠；雄花具雄蕊 2 枚，花药长圆形。雌花具长花柱，长约 3 毫米，柱头舌状 2 裂。翅果线状匙形，长 1.8～2.5 厘米，宽 4～5 毫米，坚果与翅几等长。花期 4 月，果期 5—7 月。

全株

【天然分布】 中国特有。分布于甘肃、陕西、四川。

【海拔与生境】 生长于海拔 720～1 300 米的嘉陵江两岸的山坡灌丛、溪沟旁、河岸边及崖壁上。

【濒危原因】 狭叶梣天然分布非常狭窄，居群数量稀少；生境条件差，因沿着岸边生长，容易受到洪水侵蚀。道路建设和建筑施工等人为因素加剧了种群的碎片化，

果序

干

导致种群数量不断减少 ①。

【物种价值】 狭叶梣对研究我国白蜡属植物的系统进化及地理分布有着重要科学意义。其茎、叶含有抗菌活性，具有广谱抗菌作用（任茜等，2012）。

【繁殖方式】 狭叶梣主要利用种子繁殖。种子存在休眠特性，低温层积处理结合赤霉素处理，可以促进种子萌发，种子发芽率30% 左右。

叶面

【引种情况】 植物园于 2012 年、2015 年，从甘肃引种狭叶梣种子。

【园区栽植地点】 科研苗圃。

① 2023-10-20. http://dx.doi.org/10.2305/IUCN.UK.2018-RLTS.T96443704A96443708.en.

62　水曲柳

【学名】 *Fraxinus mandshurica* Rupr.

【科属】 木樨科 Oleaceae 梣属 *Fraxinus*

【保护级别】 国家二级重点保护野生植物

【形态特征】 落叶大乔木，高达 30 米以上；树皮厚，灰褐色，纵裂；小枝粗壮，黄褐色至灰褐色，四棱形，节膨大，无毛，散生圆形明显凸起的小皮孔。羽状复叶长 25～35（40）厘米；叶柄长 6～8 厘米，近基部膨大；小叶着生处具关节，节上簇生黄褐色曲柔毛或秃净；小叶 7～11（13）枚，纸质，长圆形至卵状长圆形，长 5～20 厘米，宽 2～5 厘米，叶缘具细锯齿，叶面暗绿色，无毛或疏被白色硬毛，叶背黄绿色，沿脉被黄色曲柔毛，至少在中脉基部簇生密集的曲柔毛，中脉在叶面凹入，叶背凸起，侧脉 10～15 对，细脉甚细，在叶背明显网结。圆锥花序生于二生枝上，先叶开放，长 15～20 厘米；雄花与两性花异株，均无花冠也无花萼；雄花序紧密，花梗细而短，长 3～5 毫米，雄蕊 2 枚，花药椭圆形，花丝甚短，开花时迅速伸长；两性花序稍松散，花梗细而长，两侧常着生 2 枚甚小的雄蕊，子房扁而宽，花柱短，柱头 2 裂。翅果大

全株

秋色叶

而扁，长圆形至倒卵状披针形，长 3～4 厘米，宽 6～9 毫米，翅下延至坚果基部，明显扭曲，脉棱凸起。花期 4 月，果期 8—9 月。

【天然分布】 国内，分布于甘肃、河北、黑龙江、河南、湖北、吉林、辽宁、陕西、山西。国外，分布于朝鲜、俄罗斯、日本。

【海拔与生境】 生长于海拔 700～2 100 米的山坡疏林中、河谷平缓山地。

【濒危原因】 气候因素是水曲柳分布变化的主要因素之一。野外条件下，植株 30 年以上才能结实，且结实呈大小年现象。种子活力较低，只有 50% 左右；种子存在深度休眠现象，自然条件下第三年才能萌发；天然林中的凋落物对种子萌发有抑制作用。种间及种内竞争激烈，在环境筛作用下，幼苗死亡率高。人为的过度开发利用，也加剧了水曲柳种群更新困难（易雪梅等，2015）。

干

【物种价值】 水曲柳是我国珍贵的用材树种和东北地区重要的造林树种之一，具有很高的经济价值。树干端直、材质坚韧、纹理美观，是制作各种家具、车船、乐器及建筑材料的优良原料。水曲柳树皮中含有香豆素成分，有抗菌消炎的作用，可用于治疗关节炎、结核等病症。种子含裂环烯醚萜苷类化合物等，是很有开发前景的糖尿病药物原材料。水曲柳树形圆阔、高大挺拔，适应性强，具有耐严寒、抗干旱、抗烟尘和病虫害的能力，具有良好的生态价值和观赏价值（郭森，2020）。

【繁殖方式】 水曲柳多利用种子繁殖和扦插繁殖。种子存在多重休眠现象，低温层积和变温层积能够有效解除种子休眠；适宜的萌发温度为 10～15℃。扦插繁殖多选取一二年生的插穗，用 ABT 2 号生根粉浸泡插穗 12 小时，生根率可达 92% 左右。以成熟种子的下胚轴为外植体，利用组织培养可以建立快繁系统（孙彬等，2020）。

【引种情况】 植物园于 1975 年、1977 年、2007 年、2012 年，多次从甘肃、吉林、陕西引种水曲柳种子和小苗。

【园区栽植地点】 树木区。

枝条

63 天山梣 ①

【学名】 *Fraxinus sogdiana* Bunge

【科属】 木樨科 Oleaceae 梣属 *Fraxinus*

【保护级别】 国家二级重点保护野生植物

【形态特征】 落叶乔木，高 10～24 米；芽圆锥形，尖头，黑褐色，芽鳞 6～9 枚，外被糠秕状毛，内侧密被棕色曲柔毛；小枝灰褐色，粗糙，无毛，皱纹纵直，疏生点状淡黄色皮孔；叶痕呈节状隆起。羽状复叶在枝端呈螺旋状三叶轮生，长 10～30 厘米；叶柄长 4～5 厘米，基部扁而扩大，底端有白色髯毛；叶轴细，叶面具平坦阔沟，沟棱展开呈窄翅状，无毛；小叶 7～13 枚，纸质，卵状披针形或狭披针形，长 2.5～8（12）厘米，宽 1.5～4 厘米，先端渐尖或长渐尖，基部楔形下延至小叶柄，叶缘具不整齐而稀疏的三角形尖齿，叶面无毛，叶背密生细腺点，有时在中脉上疏被柔毛，中脉在叶面平坦，叶背凸起，侧脉 10～14 对，细脉网结；小叶

全株

柄长 0.5～1.2 厘米。聚伞圆锥花序生于上年生枝上，长约 5 厘米；花序梗短；花杂性，2～3 朵轮生，无花冠也无花萼；两性花具雄蕊 2 枚，贴生于子房底端，甚短，花药球形，雌蕊具细长花柱，柱头长圆形，尖头。翅果倒披针形，长 3～5 厘米，宽 5～8 毫米，上中部最宽，先端锐尖，翅下延至坚果基部，强度扭曲，坚果扁，脉棱明显。花期 6 月，果期 8 月。

---

① 天山梣：别名新疆小叶白蜡，常被简称为小叶白蜡；须注意与华北、东北及华东等地区所产小叶白蜡（小叶梣，*Fraxinus bungeana* DC.）相区别。

【天然分布】 国内，主要分布于新疆察布查尔、巩留、霍城、尼勒克、新源、伊宁。国外，分布于伊朗和中亚地区。

【海拔与生境】 生长于海拔 500 米左右河旁低地及开旷落叶林中或 700～1 000 米山谷、河漫滩地。喜光、喜湿、喜深厚肥沃的土壤，不耐阴、干旱、瘠薄；耐中度盐碱土，在 pH 值 8.7、土壤含盐量 0.5%～0.7% 中仍正常生长（刘芳等，2009）。

【濒危原因】 人为破坏是天山梣天然分布面积不断缩小的主要因素之一。砍伐成年苗木、大量毁林种田等造成种群内部成年植株减少，从而破坏了种群的遗传多样性及种群的天然更新能力（唐明龙，2005）。

枝干

【物种价值】 天山梣是我国第三纪温带阔叶林子遗树种，有"阔叶树活化石"之称，对研究梣属植物系统演化和新疆地区植物区系等具有较高的科学价值。天山梣干形较直、材质坚实、纹理细致、病虫害少，是珍贵的硬阔叶用材树种。树叶可作饲料和肥料使用。天山梣抗性强，根系发达，具有良好的生态涵养作用；其冠型圆满优美，枝叶繁茂；秋季叶片橙黄，具有一定观赏价值（丛桂芝等，2009）。

【繁殖方式】 天山梣主要采用播种和扦插繁殖。种子存在休眠，层积处理、赤霉素浸种结合变温处理等，能够有效促进种子萌发，种子发芽率 71.3% 左右。还可以采用一年生天山梣萌条为插条，结合全光照喷雾育苗技术，进行扦插繁殖（王炳举等，2002）。

【引种情况】 植物园于 2018 年，从新疆引种天山梣种子。

【园区栽植地点】 科研苗圃。

叶面

叶背

64 匈牙利丁香

【学名】 *Syringa josikaea* J.Jacq. ex Rchb.

【科属】 木樨科 Oleaceae 丁香属 *Syringa*

【保护级别】 IUCN 级别：EN

【形态特征】 落叶灌木，树皮呈淡褐色，新枝呈棕绿色或红褐色。叶片椭圆状卵形或宽卵形，叶长 11～17 厘米，宽 4～10 厘米，叶柄长 2～3 厘米；叶片先端呈短渐尖或短尾尖形，基部楔形，叶缘具睫毛状细锯齿；叶片厚，表面革质，深绿色，有亮光，有短毛，叶背面呈浅绿色，叶及叶脉均具柔毛。花为圆锥花序，直立，由顶芽抽生，长约 25 厘米，径约 10 厘米；花序轴、花梗被短柔毛，花序轴具皮孔；花芳香；花萼长约 2 毫米，萼齿钝圆；花冠紫（红）色，花冠管细弱，粗 2～3 毫米，近圆柱形，长约 1.5 厘米，裂片成

全株

熟时呈直角向外展开，长椭圆形，长约 0.5 厘米，裂片边缘内弯呈兜状具喙，喙凸出；雄蕊 2 枚，雌蕊 1 枚，雄蕊在花冠筒 1/2 偏下处，柱长约 0.5 厘米；花药呈浅黄绿色，长约 2 毫米，位于花冠管喉部。花期 6 月，果期 9 月（徐福成和朱力国，2018）。

【天然分布】 目前研究结果显示，匈牙利丁香分布于罗马尼亚的阿普塞尼（Apuseni）山脉和乌克兰的喀尔巴阡（Carpathian）山脉（Lendvay et al.，2012；Lendvay et al.，2016）。

【海拔与生境】 在罗马尼亚，主要生长于海拔 440～1 100 米处的林中或者溪水、河边；在乌克兰喀尔巴阡地区，主要生长于海拔 320～760 米的落叶阔叶林中或者林缘（Lendvay et al.，2012；Lendvay et al.，2016）。

【濒危原因】 地史变迁和气候变化是匈牙利丁香分布区域不断缩小的主要因素。天然分布狭窄，居群个体数量少，导致天然更新缓慢。部分植株生长地在河边，修建水库、堤坝、道路、牧场等人为因素破坏了其原生境，加剧了种群的更新困难，致使植物分布范围日趋缩小（Lendvay et al.，2012；Lendvay et al.，2016）。

干

花枝

【物种价值】　匈牙利丁香是第三纪孑遗植物，对研究丁香属植物系统演化有着重要的科研价值。树皮是欧洲古老的药材植物之一，含有多种活性物质，具有抗氧化、抗炎症和抗心肌缺血等功能，用于治疗发热、感冒咳嗽等症状。匈牙利丁香耐寒、耐旱、耐瘠薄，生长迅速；花期长、花序细密、花色淡雅，是很有前途的园林绿化植物（Agnieszka Filipek et al., 2019）。

叶面

【繁殖方式】　匈牙利丁香主要利用播种和扦插繁殖。种子存在休眠现象，赤霉素处理可以促进种子萌发，种子的萌发适宜温度15～25℃。我国黑河地区6月选取健壮插穗10～15厘米，使用生长激素辅助进行嫩枝扦插，70天后，成活率85%左右（Junttila，1973；朱力国等，2019）。

【引种情况】　植物园于1983年、2000年、2001年，从荷兰等国引种匈牙利丁香种子和小苗。

【园区栽植地点】　丁香园。

65 羽叶丁香

【学名】 *Syringa pinnatifolia* Hemsley

【科属】 木樨科 Oleaceae 丁香属 *Syringa*

【保护级别】 陕西省重点保护野生植物

【形态特征】 落叶直立灌木，高 1～4 米；树皮呈片状剥裂；枝灰棕褐色，与小枝常呈四棱形，无毛，疏生皮孔。叶为羽状复叶，长 2～8 厘米，宽 1.5～5 厘米，具小叶 7～11（13）枚；叶轴有时具狭翅，无毛；叶柄长 0.5～1.5 厘米，无毛；小叶片对生或近对生，卵状披针形、卵状长椭圆形至卵形，长 0.5～3 厘米，宽 0.3～1.5 厘米，先端锐尖至渐尖或钝，常具小尖头，基部楔形至近圆形，常歪斜，叶缘具纤细睫毛，叶面深绿色，无毛或疏被短柔毛，叶背淡绿色，无毛，无小叶柄。圆锥花序由侧芽抽生，稍下垂，长 2～6.5 厘米，宽 2～5 厘米；花序轴、花梗和花萼均无毛；花梗长 2～5 毫米；花萼长约 2.5 毫米，萼齿三角形，先端锐尖、渐尖或钝；花冠白色、淡红色，略带淡紫色，长 1～1.6 厘米，花冠管略呈漏斗状，长 0.8～1.2 厘米，裂片卵形、长圆形或近圆形，长 3～4 毫米，先端锐尖或圆钝，不呈或略呈兜状；花药黄色，长约 1.5 毫米，着生于花冠管喉部以至距喉部达 4 毫米处。果长圆形，长 1～1.3 厘米，先端凸尖或渐尖，光滑。花期 5—6 月，果期 8—9 月。

全株

【天然分布】 中国特有。分布于甘肃、内蒙古、宁夏、青海东部、陕西南部、四川西部。

【海拔与生境】 生长于海拔 1 750～3 100 米的山谷底部、阴坡、半阴坡和半阳坡的灌丛中，经山地疏林草原带，延伸到山地针叶林带的下部，在局部地段形成群落

（金山等，2008）。

【物种价值】 羽叶丁香是木樨科丁香属唯一具有羽状复叶的植物，对丁香属的系统发育及演化具有一定的研究价值。其去皮的根、根茎及粗枝，是特色蒙药药材山沉香。其中含有多种有效成分，具有降气、温中、暖胃等功效，蒙医用其治疗胸闷气短、心肌缺血等心肺疾病，具有宝贵的药用价值。羽叶丁香叶形奇特，花色淡雅，具有一定的园林观赏价值（姜在民等，2018）。

【繁殖方式】 羽叶丁香主要依靠播种繁殖。种子具有休眠特性，浸种及赤霉素处理可促进种子萌发，种子发芽率86%左右。在生产中也可采用组织培养进行无性繁殖，以带芽茎段或种子为外植体，可以建立起其繁殖体系（和子森等，2016）。

花枝

【引种情况】 植物园于1989年、2003年、2006年，从甘肃等地引种羽叶丁香种子和小苗。

【园区栽植地点】 科研苗圃。

叶面

叶背

66　关东巧玲花

【学名】　*Syringa pubescens* subsp. *patula*（Palibin）M.C.Chang & X.L.Chen

【科属】　木樨科 Oleaceae 丁香属 *Syringa*

【保护级别】　吉林省三级重点保护野生植物

【形态特征】　灌木，高 1～4 米；树皮灰褐色；小枝带四棱形，微柔毛或无毛，疏生皮孔。叶片卵形、椭圆状卵形、菱状卵形或卵圆形，长1.5～8 厘米，宽 1～5 厘米，先端锐尖至渐尖或钝，基部宽楔形至圆形，叶缘具睫毛，叶面深绿色，无毛，稀有疏被短柔毛，叶背淡绿色，被短柔毛、柔毛至无毛，常沿叶脉或叶脉基部密被或疏被柔毛，或为须状柔毛；叶柄长 0.5～2 厘米，细弱，无毛或被柔毛。圆锥花序直立，通常由侧芽抽生，稀顶生，长 5～16 厘米，宽3～5 厘米；花序轴与花梗略带紫红色，无毛，稀有略被柔毛或短柔毛；花序轴明显四棱形；花梗短；花萼长1.5～2 毫米，截形或萼齿锐尖、渐尖或钝；花冠淡紫色、粉红色或白带蔷薇色，略呈漏斗状，长 1～1.5 厘米，花冠管长 0.7～1.1 厘米；花药淡紫色或紫色，着生于距花冠管喉部 0～1 毫米处。花期 5—7 月，果期 8—10 月。

全株

【天然分布】　国内，分布于吉林省、辽宁省。国外，分布于朝鲜。

【海拔与生境】　生长于海拔 300～1 200 米的山坡草地、灌丛、林下或岩石坡。

【物种价值】　关东巧玲花叶片中含有丁香苷、环烯醚萜类及黄酮类物质，有抗菌

盛花期

消炎、抗病毒等作用；亦有显著降糖作用，具有一定药用价值。关东巧玲花花期长，花型秀美，花香宜人，是优秀的园林绿化植物（姜虹，2018）。

【繁殖方式】　现阶段，未见本种植物的繁殖报道。丁香属植物多依靠种子繁殖，种子存在休眠特性，播种前需要提前处理。也可以利用嫩枝扦插繁殖，适度的吲哚丁酸或者生根粉处理可以促进插条生根。

【引种情况】　植物园于 2005 年、2020 年，引种关东巧玲花种子和苗木。

【园区栽植地点】　丁香园及科研苗圃。

干

花序

叶面

67 楸

【学名】 *Catalpa bungei* C. A. Mey

【科属】 紫葳科 Bignoniaceae 梓属 *Catalpa*

【保护级别】 河北省重点保护野生植物

【形态特征】 落叶小乔木，高8～12米。叶三角状卵形或卵状长圆形，长6～15厘米，宽达8厘米，顶端长渐尖，基部截形，阔楔形或心形，有时基部具有1～2牙齿，叶面深绿色，叶背无毛；叶柄长2～8厘米。顶生伞房状总状花序，有花2～12朵。花萼蕾时圆球形，2唇开裂，顶端有2尖齿。花冠淡红色，内面具有2黄色条纹及暗紫色斑点，长3～3.5厘米。蒴果线形，长25～45厘米，宽约6毫米。种子狭长椭圆形，长约1厘米，宽约2毫米，两端生长毛。花期5—6月，果期6—10月。

【天然分布】 中国特有。甘肃、河北、河南、湖南、江苏、陕西、山东、山西、浙江均有分布。

【海拔与生境】 楸在海拔0～2100米均有分布。多生长于中生山湿性常绿阔叶林、温带落叶阔叶林缘山地中，山地阳处、水旁阳处、丘陵及路旁。

全株

【物种价值】 楸的枝叶浓密，根系发达，有隔尘降噪、吸收有害气体、抗强风、防止水土流失的功能，具有良好的生态价值。木材有韧性、耐腐、不易虫蛀、有光泽，是优质的建筑用材。楸的茎皮、叶、果实含有多种化合物，是中医的外敷药，具有清热解毒、消炎、利尿等功效。树叶营养丰富可作饲料，花可提取芳香物质，是食品生产及化妆品的重要原料。楸在我国有悠久的栽培历史及深厚的植物文化底蕴，在《史记》及《埤雅》等古书中均有记载。楸树体高大，树姿优美，花期满树繁花，极具观赏价值，素有"木王"的美称，是理想的园林绿化树种（吴丽华等，2010）。

干

花序

【**繁殖方式**】 楸树主要依靠播种和扦插繁殖苗木。种子不存在休眠特性，温水浸种能促进种子萌发，种子发芽率为 60%～70%。扦插繁殖、嫩枝扦插配合生根激素处理，插条平均生根率达 83% 左右。此外，还可采用组织培养、体胚发生等新技术进行苗木扩繁（张博等，2011）。

【**引种情况**】 植物园于建园之前，已经有楸在园区栽植，园内现有楸古树 2 株。植物园建园后，结合园区建设开展了楸的引种工作。

【**园区栽植地点**】 丁香园、樱桃沟。

叶面

叶背

68 猬实

【学名】 *Kolkwitzia amabilis* Graebn.

【科属】 忍冬科 Caprifoliaceae 猬实属 *Kolkwitzia*

【保护级别】 安徽省、河南省、山西省、陕西省重点保护野生植物

【形态特征】 多分枝直立灌木，高达 3 米；幼枝红褐色，被短柔毛及糙毛，老枝光滑，茎皮剥落。叶椭圆形至卵状椭圆形，长 3～8 厘米，宽 1.5～2.5 厘米，顶端尖或渐尖，基部圆或阔楔形，全缘，少有浅齿状，上面深绿色，两面散生短毛，脉上和边缘密被直柔毛和睫毛；叶柄长 1～2 毫米。伞房状聚伞花序具长 1～1.5 厘米的总花梗，花梗几不存在；苞片披针形，紧贴子房基部；萼筒外面密生长刚毛，上部缢缩似颈，裂片钻状披针形，长 0.5 厘米，有短柔毛；花冠淡红色，长 1.5～2.5 厘米，径 1～1.5 厘米，基部甚狭，中部以上突然扩大，外有短柔毛，裂片不等，其中二枚稍宽短，内面具黄色斑纹；花药宽椭圆形；花柱有软毛，柱头圆形，不伸出花冠筒外。果实密被黄色刺刚毛，顶端伸长如角，冠以宿存的萼齿。花期 5—6 月，果熟期 8—9 月。

【天然分布】 中国特有。安徽、甘肃、河南、湖北、陕西及山西均有分布。

全株

【海拔与生境】 本种野生种群较为稀有，多生长于海拔350～1 340米地带。山坡、路边和旱生的灌丛或疏林带中均有分布，其中，低山区域海拔850～1 600米，生长于次生针阔叶林下及路旁；中高山区域海拔1 600～1 880米，生长于针叶林带（李智选等，2004）。

【物种价值】 猬实起源古老，是第三纪孑遗植物，对研究古地理、古气候、古代植物区系发展及忍冬科植物系统演化等具有重要价值。猬实春季开花，花序紧密，花色淡雅，花型精巧；盛花期繁花似锦，具有极高的观赏价值。果实具黄色刺刚毛，形如刺猬、颇具趣味，是理想的观花观果木本植物。目前，已有多个国家将猬实作为观赏资源，对其进行广泛收集和开发利用（柏国清等，2015）。

【繁殖方式】 猬实主要依靠扦插繁殖苗木。选取一年生半木质化枝条，配合使用ABT生根粉，夏季进行嫩枝扦插，插条生根率90%左右；秋季进行硬枝扦插，插条生根率60%左右。还可以利用种子繁殖苗木，种子存在休眠特性，播种前需要低温层积或者化学处理，打破种子休眠（何志等，2008；沈植国等，2012；邓祖丽颖，2014）。

【引种情况】 植物园于2000—2019年，多次引种猬实种子和小苗。

【园区栽植地点】 盆景园周边、樱桃沟及客服中心北侧。

干

花枝

果枝

盛花期

叶面

叶背

69　丁香叶忍冬

【学名】　*Lonicera oblata* Hao ex Hsu & H. J. Wang

【科属】　忍冬科 Caprifoliaceae 忍冬属 *Lonicera*

【保护级别】　国家二级重点保护野生植物

【形态特征】　落叶灌木，高达 2 米；幼枝浅褐色，略呈四角形，老枝灰褐色；凡幼枝、芽的外鳞片、叶面中脉和叶背面、叶柄、总花梗及苞片外面均被疏或密的短腺毛。冬芽有 2 对卵形、顶长尖的外鳞片。叶厚纸质，三角状宽卵形至菱状宽卵形，顶端短凸尖而钝头或钝形，基部宽楔形至截形，长与宽均 2.5～5.3 厘米；叶柄长 1.5～2.5 厘米，基部微相连。总花梗出自当年小枝的叶腋，长 7～10 毫米；苞片钻形，长达萼筒之半或不到；杯状小苞长为萼筒的 1/3～2/5，具腺缘毛；花萼杯状，不明显具牙齿。花冠二唇形，淡黄，约 1.3 厘米，外面疏生微柔毛和腺毛；筒部约 0.7 厘米，向基部浅突起，在具长柔毛内；卵形的上唇裂片，浅裂到约 1/3；下唇反折。雄蕊稍超过花冠；花丝近等长，在下部具长柔毛。花柱稍短于花冠，浓密具长柔毛。浆果红色，球状，径约 6 毫米。种子带褐色，近圆形或卵球形圆形，稍压扁，平滑，3～4 毫米。花期 5 月，果期 7 月。

幼苗

【天然分布】　中国特有。目前仅发现 5 个天然居群，即北京门头沟东灵山、延庆松山、怀柔响水湖长城，河北内丘，山西五台山。其中北京怀柔响水湖长城居群为已知最大居群，有 10 余株个体；山西五台山，只有少数个体；延庆松山仅发现 1 株个体；河北内丘和北京门头沟东灵山，目前居群生存状态不明（林秦文，2019；任保青等，2022）。

【海拔与生境】 多生长于海拔1 200～1 666米地带，石头山坡上及针阔叶混交林中。

【濒危原因】 气候变化是丁香叶忍冬分布区不断缩小及碎片化的主要因素之一。植株对生境要求严苛，加剧了其野外居群数量日趋减少。分布地生存条件恶劣，加上种间竞争激烈，导致种群天然更新缓慢（路端正，2002）。

【物种价值】 丁香叶忍冬不仅对研究中国忍冬属植物起源和系统发育有着重要价值，也对研究高纬度地区木本植物对气候变化的响应有着重要意义。植株的叶形似丁香，花果均具有一定观赏价值（沐先运等，2014；Wu et al.，2021）。

【繁殖方式】 丁香叶忍冬由于个体过于稀少，主要依靠组织培养进行无性繁殖。可通过茎段腋芽，作为外植体进行培养，诱导25天后开始生根，根长3厘米左右。现阶段，已利用组织培养建立繁殖技术体系（孙国峰等，2018）。

【引种情况】 植物园于2010年、2021—2022年，从北京引种丁香叶忍冬种子和插条。

【园区栽植地点】 科研苗圃。

花枝

70 无梗五加

【学名】 *Eleutherococcus sessiliflorus*（Ruprecht & Maximowicz）S. Y. Hu

【科属】 五加科 Araliaceae 五加属 *Eleutherococcus*

【保护级别】 北京市地方重点保护植物

【形态特征】 灌木或小乔木，高 2～5 米；树皮暗灰色或灰黑色，有纵裂纹和粒状裂纹；枝灰色，无刺或疏生刺；刺粗壮，直或弯曲。叶有小叶 3；叶柄长 3～12 厘米，无刺或有小刺；小叶片纸质，倒卵形或长圆状倒卵形至长圆状披针形，稀椭圆形，长 8～18 厘米，宽 3～7 厘米，先端渐尖，基部楔形，两面均无毛，边缘有不整齐锯齿，稀重锯齿状，侧脉 5～7 对，明显，网脉不明显；小叶柄长 2～10 毫米。头状花序紧密，球形，直径 2～3.5 厘米，有花多数，5～6 个稀多至 10 个组成顶生圆锥花序或复伞形花序；总花梗长 0.5～3 厘米，密生短柔毛；花无梗；萼密生白色茸毛，边缘有 5 小齿；花瓣 5，卵形，浓紫色，长 1.5～2 毫米，外面有短柔毛，后毛脱落；子房

全株

2 室，花柱全部合生成柱状，柱头离生。果实倒卵状椭圆球形，黑色，长 1～1.5 厘米，稍有棱，宿存花柱长达 3 毫米。花期 8—9 月，果期 9—10 月。

【天然分布】 国内，分布于北京、黑龙江、吉林、辽宁、河北和山西。国外，分布于朝鲜。

【海拔与生境】 生长于海拔 200～1 000 米的森林或灌丛中。

【物种价值】 无梗五加的根皮具有很高的药用价值，是中药中"五加皮"的重要原料，也可制"五加皮"药酒。无梗五加主要含有三萜类、木脂素类、香豆素类和黄酮类等活性成分，具有抗炎镇痛、抗应激、抗氧化等作用。此外，其嫩茎叶可供食用（赵岩等，2016）。

花序

【繁殖方式】 无梗五加主要依靠种子繁殖。赤霉素溶液浸泡种子后，结合 150 天左右的变温层积能够有效促进种子萌发，种子发芽率 97% 左右（郭志欣等，2014）。

【引种情况】 植物园于 2006 年、2014 年、2017 年，引种无梗五加种子和苗木。

【园区栽植地点】 樱桃沟。

叶面

果序

参 考 文 献

安嘉雯, 2021. 不同处理方式对圆柏、侧柏种子萌发的影响 [D]. 呼和浩特: 内蒙古农业大学.

敖妍, 段劼, 于海燕, 等, 2012. 文冠果研究进展 [J]. 中国农业大学学报, 17（6）: 197-203.

白伟岚, 任建武, 高永伟, 等, 1999. 园林植物的耐荫性研究 [J]. 林业科技通讯（2）: 10-13.

柏国清, 陈智坤, 李为民, 等, 2015. 猬实的研究开发与利用进展 [J]. 中国农学通报, 31（10）: 39-43.

薄楠林, 彭重华, 种洁, 等, 2008. 白皮松的特性及园林应用 [J]. 北方园艺（3）: 184-186.

毕波, 刘云彩, 陈强, 等, 2012. 10 个常绿树种对砷汞铅镉铬的富积能力研究 [J]. 西部林业科学, 41（4）: 79-83.

曹炜, 何才生, 李茂娟, 等, 2014. 飞蛾槭育苗技术 [J]. 湖南林业科技, 41（4）: 58-60, 74.

曹宇, 2017. 不同温度对刺榆种子发芽特性的影响 [J]. 林业科技, 42（1）: 9-11.

常馨月, 万路生, 赵垦田, 2019. 西藏巨柏种子发芽条件的研究 [J]. 种子, 38（11）: 87-89, 95.

常馨月, 万路生, 赵垦田, 2021. 巨柏种子成熟时间的确定 [J]. 高原农业, 5（2）: 115-119.

陈端, 1995. 西藏巨柏的研究现状与前景 [J]. 西藏科技（2）: 7-11.

陈锋, 熊驰, 周厚林, 2023. 重庆蔷薇科植物新记录种——单瓣月季花 [J]. 福建林业科技, 50（1）: 110-112. DOI:10.13428/j.cnki.fjlk. 2023.01.019.

陈朋, 于雪丹, 张川红, 等, 2013. 中国特有种血皮槭的天然更新 [J]. 林业科学, 49（3）: 159-164.

陈叶平, 2011. 普陀鹅耳枥、普陀樟的生殖形态特征与繁育技术研究 [D]. 杭州: 浙江农林大学.

程佳雪, 2020. 北京 40 种园林树木重金属吸收能力评价与筛选 [D]. 北京: 北京林业大学.

程家友, 曹万举, 杨柳, 2013. 长白松野生种群株间种实性状多样性的研究 [J]. 吉林林业科技, 42（1）: 1-5.

程立君, 吴银梅, 王磊, 等, 2019. 珍稀濒危植物珙桐研究进展 [J]. 黑龙江农业科学（4）: 157-161.

丛桂芝，阿勒青，阿合江，2009. 伊犁特有珍贵树种小叶白蜡大规格苗木培育与栽植技术 [J]. 林业实用技术（12）：24-25.

崔娇鹏，刘恒星，董知洋，等，2018. 川北部分地区单瓣月季花（*Rosa chinensis* var. *spontanea*）的调查与采集 [C]// 中国园艺学会观赏园艺专业委员会，国家花卉工程技术研究中心. 中国观赏园艺研究进展 2018. 北京：中国林业出版社.

崔凯峰，梁永君，于长宝，等，2004. 东北扁核木的开发利用与栽培技术 [J]. 中国野生植物资源（6）：63-65.

崔仕权，马海拉曲，王春，2007. 连香树嫩枝扦插繁殖技术 [J]. 林业科技（1）：6-7.

邓莲，2022. 美蔷薇种子萌发研究 [J]. 安徽农业科学，50（18）：51-53.

邓莎，吴艳妮，吴坤林，等，2020. 14 种中国典型极小种群野生植物繁育特性和人工繁殖研究进展 [J]. 生物多样性，28（3）：385-400.

邓祖丽颖，2014. 猬实休眠芽快速繁殖研究 [J]. 河南农业科学，43（10）：99-102.

丁玉萍，王梦泽，刘宇欣，等，2023. 软枣猕猴桃产品开发及利用研究进展 [J]. 食品与发酵工业，49（6）：308-314，323.

段义忠，王驰，王海涛，等，2020. 不同气候条件下沙冬青属植物在我国的潜在分布——基于生态位模型预测 [J]. 生态学报，40（21）：7668-7680.

樊梓鸾，张艳东，张华，等，2017. 红松松针精油抗氧化和抑菌活性研究 [J]. 北京林业大学学报，39（8）：98-103.

范媛媛，2017. 沙冬青嫩枝扦插试验研究 [D]. 呼和浩特：内蒙古农业大学.

方海涛，斯琴巴特，2007. 蒙古扁桃的花部综合特征与虫媒传粉 [J]. 生态学杂志（2）：177-181.

方庆，谭菊荣，许惠春，等，2022. 珍稀濒危植物细果秤锤树群落物种组成与生态位分析 [J]. 浙江农林大学学报，39（5）：931-939.

冯晗，周宏灏，欧阳冬生，2015. 杜仲的化学成分及药理作用研究进展 [J]. 中国临床药理学与治疗学，20（6）：713-720.

冯立国，邵大伟，生利霞，2009. 中国野生玫瑰种质资源调查及其形态变异研究 [J]. 山东农业大学学报（自然科学版），40（4）：484-488.

冯钰，2021. 金钱槭属的系统发育与保护基因组学研究 [D]. 杭州：浙江大学.

傅志军，1993. 山白树的地理分布及其生态习性的研究 [J]. 宝鸡师范学院学报（自然科学版）（1）：86-89.

高敬东，王骞，蔡华成，等，2022. 山西省野生苹果属种质资源的开发利用 [J]. 果树资源学报，3（2）：1-4.

古松，1994. 脱皮榆幼苗生长与气候的关系 [J]. 内蒙古林业科技（1）：12-16，21.

郭聪聪，沈永宝，史锋厚，2019. 白皮松种子休眠研究进展 [J]. 南京林业大学学报（自然科学版），43（2）：175-183.

郭森，2020. 水曲柳和鸡桑根化学成分及生物活性研究 [D]. 西安：西北大学.

郭幸飞，乔琦，李婷，2017. 特有珍稀植物血皮槭种子的生物学特征和贮藏特性研究 [J]. 种子，36（12）：20-24.

郭志欣，顾地周，沈红梅，等，2014. 无梗五加种胚形态后熟调控技术 [J]. 贵州农业科学，42（12）：84-87，91.

韩友志，2020. 紫椴种子解除休眠及催芽育苗方法的研究 [J]. 林业资源管理（1）：177-182.

郝云庆，罗晓波，王晓玲，2019. 濒危植物五小叶槭（*Acer pentaphyllum* Diels）天然种群遗传多样性的 ISSR 标记分析 [J]. 四川大学学报（自然科学版），56（1）：161-166.

何桂梅，邓华，何友均，2017. 北京乡土椴树资源开发利用对策探讨 [J]. 林业资源管理（3）：25-30.

何燕妮，2014. 濒危植物山白树遗传多样性分析 [D]. 杨凌：西北农林科技大学.

何志，唐宇丹，石雷，等，2008. 猬实种子休眠特性研究 [J]. 园艺学报（10）：1505-1510.

和子森，陈苏依勒，程明，等，2016. 濒危植物羽叶丁香种子休眠与萌发特性研究 [J]. 植物生理学报，52（4）：560-568.

贺金生，林洁，陈伟烈，1995. 我国珍稀特有植物珙桐的现状及其保护 [J]. 生物多样性（4）：213-221.

赫丽丰，纪汉文，康洪学，1991. 黑龙江省早春野生花卉种质资源 [J]. 国土与自然资源研究（4）：64-70.

侯秋梅，周洪英，2022. 玫瑰种质资源及杂交育种研究现状 [J]. 贵州农业科学，50（1）：14-22.

候婧，2020. 中国特有植物翅果油树种子休眠与萌发生态的研究 [D]. 太原：山西师范大学.

胡长贵，2018. 细果秤锤树调查初报 [J]. 安徽林业科技，44（5）：54-55.

姜虹，2018. 关东丁香叶抗炎活性组分及作用机制的初步探究 [D]. 锦州：锦州医科大学.

姜丽媛，2018. 濒危植物野生玫瑰种质资源评价与核心种质构建 [D]. 泰安：山东农业大学.

姜在民，和子森，宿昊，等，2018. 濒危植物羽叶丁香种群结构与动态特征 [J]. 生态学报，38（7）：2471-2480.

金山，胡天华，李志刚，等，2008. 贺兰山羽叶丁香分布区的植物物种多样性特性研究 [J]. 西部林业科学，37（4）：40-44.

康木生，路端正，1993. 北京葡萄属一新种 [J]. 植物分类学报，31（1）：70-71.

孔雨光，燕丽萍，吴德军，等，2020. 基质和生长调节剂对紫椴嫩枝扦插的影响 [J]. 中南林业科技大学学报，40（6）：25-33.

雷淑慧，裴淑兰，雷斌，2008. 圆柏与月季、大叶黄杨混合扦插试验研究 [J]. 林业科学研究，21（6）：871-874.

雷颖，任继文，2014. 金钱槭繁育试验研究 [J]. 林业实用技术（3）：62-63.

李常猛，黄丽华，洪新，等，2022. 蒙椴种子快速催芽育苗试验研究 [J]. 园艺与种苗，42（1）：8-9，11.

李朝晖，2014. 青檀嫩枝扦插技术及不定根形成过程中生理生化动态研究 [D]. 泰安：山东农业大学.

李得禄，尉秋实，张进虎，等，2011. 沙冬青种子萌发及育苗试验 [J]. 中国农学通报，27（2）：30-34.

李佳，周素华，贾娜，等，2019. 不同浓度赤霉素处理对杜仲种子萌发的影响 [J]. 安徽农业科学，47（3）：144-146，185.

李建军，2020. 玫瑰扦插繁殖技术及生根机理研究 [D]. 乌鲁木齐：新疆农业大学.

李锐丽，徐本美，孙运涛，等，2007. 北京地区流苏及鸡麻种子的休眠与萌发研究 [J]. 种子（7）：29-31.

李世丽，胡代泽，李小杰，2012. 基于珙桐保护与资源开发的思考：珙桐叶复合袋泡茶加工工艺研究 [J]. 资源开发与市场，28（1）：11-13.

李翔，侯璐，李双喜，等，2018. 濒危树种庙台槭种群数量特征及动态分析 [J]. 植物科学学报，36（4）：524-533.

李晓红，张慧，王德元，等，2013. 我国特有植物青檀遗传结构的 ISSR 分析 [J]. 生态学报，33（16）：4892-4901.

李修鹏，俞慈英，吴月燕，等，2010. 普陀鹅耳枥濒危的生物学原因及基因资源保存措施 [J]. 林业科学，46（7）：69-76.

李智选，苏建文，王玛丽，2004. 稀有花卉植物猬实在华山地区的种群繁育和分布特征 [J]. 西北植物学报（11）：2113-2117.

梁发辉，柴慈江，孙彦辉，等，2011. 平枝栒子的繁殖技术及园林应用的研究 [J]. 天津农业科学，17（3）：133-135.

梁荣纳，沈熙环，1989. 侧柏不同种源扦插繁殖的研究 [J]. 北京林业大学学报（4）：47-52.

梁荣纳，沈熙环，1989. 油松短枝嫁接技术的研究（Ⅰ）[J]. 北京林业大学学报（4）：60-65.

林秦文，2019. 丁香叶忍冬 [J]. 生物学通报，54（4）：32.

林士杰，王梓默，朱红波，等，2022. 椴树属植物无性繁殖研究进展 [J]. 吉林林业科技，51（1）：14-19.

林勇，艾训儒，姚兰，等，2017. 水杉原生母树种群结构与动态 [J]. 生态学杂志，36（6）：1531-1538.

令狐昱慰，黎斌，张莹，等，2013. 不同处理对鸡麻扦插繁殖的影响 [J]. 西北农业学报，22（9）：163-166.

刘芳，张鲁男，张宝恩，等，2009. 新疆特色树种：小叶白蜡 [J]. 新疆林业（6）：37.

刘红霞，惠学东，刘福忠，等，2013. 河北杨研究进展 [J]. 中国园艺文摘，29（3）：43-45.

刘美芹，卢存福，尹伟伦，2004. 珍稀濒危植物沙冬青生物学特性及抗逆性研究进展 [J]. 应用与环境生物学报（3）：384-388.

刘敏，2017. 中国东北红松生长对气候变化的响应及其动态研究 [D]. 哈尔滨：东北林业大学.

刘喜文，姚满生，卢耀环，等，1993. 美蔷薇果的营养成分 [J]. 营养学报（3）：364-367.

刘秀丽，2012. 长白松概况与研究进展 [J]. 当代生态农业（Z2）：84-88.

刘亚令，2006. 猕猴桃属植物自然居群的遗传结构与种间基因渐渗研究 [D]. 武汉：华中农业大学.

刘琰璐，戴灵超，张昭，2011. 黄檗繁殖技术研究进展 [J]. 中央民族大学学报（自然科学版），20（2）：84-87.

刘忠权，董合干，余婷，等，2021. 新疆野苹果种子萌发特性与不同苗龄实生苗野外移栽研究 [J]. 安徽农业科学，49（9）：54-56.

龙茹，秘树青，王子华，等，2010. 外源激素对软枣猕猴桃硬枝扦插生根的影响 [J]. 河北科技师范学院学报，24（2）：12-15.

龙云树，杨荣萍，张应华，等，2020. 野生中华猕猴桃种子萌发的最佳条件 [J]. 贵州农业科学，48（9）：93-96.

卢小根，邹达明，1990. 普陀鹅耳枥濒危原因的调查研究 [J]. 浙江林业科技，10（5）：61-64.

陆俊，王珺，成策，等，2015. 胡颓子属植物化学成分与药理活性研究进展 [J]. 中药材，38（4）：855-861.

路端正，2002. 北京植物新资料 [J]. 北京农学院学报，17（3）：19-21.

路端正，梁红平，1994. 北京葡萄属植物研究 [J]. 北京农学院学报（1）：78-81.

罗建，王景升，罗大庆，等，2006. 巨柏群落特征的研究 [J]. 林业科学研究，19（3）：295-300.

罗世家，2012. 珙桐遗传多样性与保护生物学研究 [D]. 武汉：华中农业大学.

罗晓波，王晓玲，郝云庆，等，2017. 五小叶槭群落物种多样性与主要优势种生态位特征研究 [J]. 四川林业科技，38（6）：79-83.

马丹炜，1998. 九寨沟自然保护区青杆（*Picea wilsonii*）林物种多样性分析 [J]. 四川师范大学学报（自然科学版）（6）：55-60.

马骥，倪细炉，史宏勇，等，2010. 蒙古扁桃的开花生物学研究 [J]. 西北植物学报，30（6）：1134-1141.

马文宝，姬慧娟，代林利，等，2021. 梓叶槭和五小叶槭果实形态特征和扩散特性 [J]. 江苏农业学报，37（1）：150-154.

孟静，2012. 单瓣月季花 *Rosa chinensis* var. *spontanea* 的发现与历史 [J]. 园艺与种苗（8）：6-7，11.

孟庆法，高红莉，李红喜，等，2016. 珍稀濒危树种庙台槭的生物学及生态学特性研究 [J]. 河南科学，34（11）：1830-1834.

孟雨欣，马刚，高帅，等，2022. 西天山野果林县域植物种质资源和保护策略分析 [J]. 黑龙江农业科学（11）：51-56.

苗慧，2018. 侧柏叶的化学成分及药理活性研究 [D]. 长春：吉林农业大学 .

沐先运，2021. 封面说明百花山葡萄 [J]. 生物学通报，56（7）：5.

沐先运，何理，吴记贵，等，2014. 北京松山国家级自然保护区野生种子植物分布及物种组成分析 [J]. 植物资源与环境学报，23（3）：94-101.

穆红梅，李鹏丽，时明芝，2012. 赤霉素对七叶树种子萌发的影响研究 [J]. 林业实用技术（3）：22-23.

穆立蔷，刘赢男，2007. 不同地理分布区紫椴种群的遗传多样性变化 [J]. 植物生态学报（6）：1190-1198.

穆琳，谢磊，2011. 槭叶铁线莲的系统位置初探：来自 ITS 和叶绿体 DNA 序列片段的分析 [J]. 北京林业大学报，33（5）：49-55.

庞久帅，原阳晨，周苗苗，等，2022. 槭叶铁线莲（ *Clematis acerifolia* Maxim.）群落物种生态位研究 [J]. 生态学报，42（8）：3449-3457.

庞晓慧，2007. 翅果油树扦插繁殖技术及生根机理研究 [D]. 保定：河北农业大学 .

裴艳春，2016. 美人松引种栽培技术研究 [J]. 黑龙江科技信息（32）：268.

朴楚炳，申云孝，刘文和，等，1995. 红松插穗的条件与生根能力关系的研究 [J]. 林业科技（3）：7-9.

曲欢欢，2008. 连翘化学成分和生物活性研究 [D]. 西安：西北大学 .

屈德洪，吴景芝，吴兴恩，等，2017. 野生软枣猕猴桃种子萌发及离体快繁技术研究 [J]. 西部林业科学，46（6）：56-60.

任保青，赵玉琳，陈珍，等，2022. 山西忍冬科植物新记录：丁香叶忍冬 [J]. 山西大学学报（自然科学版），45（4）：1151-1156.

任茜，陈国联，李万波，2012. 秦岭白蜡树属药用植物体外抗菌作用实验研究 [J]. 陕西中医，33（6）：756-757.

上官铁梁，张峰，2001. 我国特有珍稀植物翅果油树濒危原因分析 [J]. 生态学报（3）：502-505.

上官铁梁, 张峰, 毕润成, 1992. 山西翅果油树灌丛的生态地理分布和群落学特征 [J]. 植物生态学与地植物学学报（3）：283-291.

沈文涛, 曾敏, 黄雪梅, 等, 2019. 凋落物浸提液对连香树种子萌发的化感作用 [J]. 林业科技, 44（6）：5-8.

沈雪梨, 沐先运, 张志翔, 等, 2022-07-19. 一种百花山葡萄种子萌发的方法及其应用：中国, CN114762472A[P].

沈雪梨, 吴远密, 朱艺璇, 等, 2020. 濒危植物百花山葡萄群落物种生态位特征与种间联结研究 [J]. 植物科学学报, 38（2）：195-204.

沈植国, 谭运德, 薛茂盛, 等, 2012. 我国稀有保护植物猬实研究进展 [J]. 江苏农业科学, 40（4）：193-197.

施翔, 2017. 盐肤木对铅的吸收累积及耐性机制 [D]. 北京：中国林业科学研究院.

石红, 安三平, 杨炜, 等, 2007. 粗榧扦插育苗试验研究 [J]. 甘肃林业科技（4）：23-25.

石利春, 2011. 刺榆不同部位质量评价及药理活性研究 [D]. 长春：吉林农业大学.

时鑫, 颜卫东, 朱西存, 2003. 平枝枸子及其嫩枝扦插 [J]. 林业实用技术（3）：27.

史宇, 余新晓, 岳永杰, 等, 2008. 北京山区天然侧柏林种内竞争研究 [J]. 北京林业大学学报, 30（S2）：36-40.

司倩倩, 2017. 粗榧种子休眠特性及萌发生理研究 [D]. 泰安：山东农业大学.

斯琴巴特尔, 满良, 2002. 蒙古扁桃种子萌发生理研究 [J]. 广西植物（6）：564-566.

斯琴巴特尔, 满良, 王振兴, 等, 2002. 珍稀濒危植物蒙古扁桃的组织培养及植株再生 [J]. 西北植物学报（6）：199-201.

苏瑞军, 苏智先, 2005. 珙桐种子散布、萌发及其种群龄级分配的关系研究 [J]. 林业科学, 41（3）：192-195.

苏小菱, 马丹丹, 李根有, 等, 2009. 浙江省珍稀濒危植物细果秤锤树的种群数量监测报告 [J]. 浙江林学院学报, 26（1）：142-144.

孙彬, 王芳, 杨雨春, 等, 2022. 水曲柳研究进展 [J]. 中国农学通报, 38（29）：74-79.

孙国峰, 林秦文, 李晓东, 等, 2018-05-08. 一种丁香叶忍冬组培快繁的方法：中国, CN106171971B[P].

孙鲜明, 李小方, 邓瑞雪, 等, 2015. 流苏花总黄酮超声提取工艺及抗氧化活性研究 [J]. 食品工业科技, 36（16）：266-271, 278.

孙阳, 2021. 软枣猕猴桃嫩枝扦插繁育技术研究 [J]. 辽宁林业科技（6）：34-35, 71.

台昌锐, 赵凯, 吴彦, 2022. 极小种群野生植物细果秤锤树地理分布及资源现状 [J]. 贵州工程应用技术学院学报, 40（3）：75-81.

谭美，杨志玲，杨旭，等，2018. 不同生境内厚朴种子萌发和幼苗生长研究 [J]. 生态与农村环境学报，34（10）：910-916.

唐明龙，2005. 伊犁河谷林木种质资源的保护与开发利用 [J]. 新疆林业（4）：40-41.

陶大立，赵大昌，赵士洞，等，1995. 红松天然更新对动物的依赖性：一个排除动物影响的球果发芽实验 [J]. 生物多样性（3）：131-133.

田伟，赵永青，彭海平，等，2006. 水杉总黄酮对 IGF1 诱导的心肌成纤维细胞增殖和胶原合成的影响 [J]. 中国中医基础医学杂志，12（4）：286-288.

田效琴，李卓，2017. 珙桐人工繁殖技术研究进展 [J]. 中国农学通报，33（25）：36-42.

童再康，朱玉球，王章荣，2002. 厚朴组织培养与高产细胞系建立的研究 [J]. 南京林业大学学报（自然科学版）（4）：23-26.

万群芳，何景峰，张文辉，2010. 文冠果地理分布和生物生态学特性 [J]. 西北农业学报，19（9）：179-185.

汪超，唐明，魏琴，等，2016. 连香树精油对植物病原真菌抑菌作用及对人肝癌细胞株 SMMC-7721 细胞毒性研究 [J]. 四川师范大学学报（自然科学版），39（5）：735-742.

王炳举，王冬良，蒋金梅，等，2002. 小叶白蜡种子发芽试验研究 [J]. 林业实用技术（1）：13-14.

王大江，王昆，高源，等，2017. 我国苹果属资源现代分布调查初报 [J]. 植物遗传资源学报，18（6）：1116-1124.

王飞，2015. 青杆针叶黄酮提取及抗氧化作用研究 [D]. 咸阳：西北农林科技大学 .

王海洋，2015. 山桐子无性繁殖技术研究 [D]. 郑州：河南农业大学 .

王洪峰，安磊，穆立蔷，2011. 紫椴在不同城市生境中的生态功能比较 [J]. 西北林学院学报，26（2）：81-85，118.

王洁，杨志玲，杨旭，等，2013. 野生厚朴花粉萌发及花粉管生长过程观察 [J]. 生态与农村环境学报，29（1）：53-57.

王景升，郑维列，潘刚，2005. 巨柏种子活力与濒危的关系 [J]. 林业科学（4）：37-41.

王静，张小平，李文良，等，2010. 濒危植物连香树居群的遗传多样性和遗传分化研究 [J]. 植物研究，30（2）：208-214.

王军涛，查振道，白芳芳，等，2012. 海棠类树木嫁接试验 [J]. 陕西林业科技（3）：47-48.

王玲，2021. 白杆群体的遗传多样性研究 [D]. 呼和浩特：内蒙古农业大学 .

王庆锁，李勇，张灵芝，1995. 珍稀濒危植物沙冬青研究概况 [J]. 生物多样性（3）：153-156.

王琼，宋桂龙，2008. 盐肤木种子硬实与萌发特性研究 [J]. 种子（4）：59-61.

王瑞亭，田福利，许孟雷，等，2010. 蒙椴树叶化学成分的研究 [J]. 内蒙古大学学报（自然科

学版),41(5):536-539.

王思思,2017. 水杉野生种群遗传多样性的时空格局及种质资源保护 [D]. 上海:华东师范大学 .

王文凤,李保会,张芹,等,2007. IBA 处理对蒙椴嫩枝扦插的影响 [J]. 河北农业大学学报(5):48-50.

王希群,马履一,郭保香,等,2004. 水杉的保护历程和存在的问题 [J]. 生物多样性,12(3):377-385.

王鑫杰,缪浏萍,吴彤,等,2012. 中华猕猴桃根化学成分与药理活性研究进展 [J]. 中草药,43(6):1233-1240.

王志波,季蒙,任建民,等,2012. 不同种源华北落叶松种子发芽特性研究 [J]. 内蒙古林业科技,38(4):11-15.

温韦华,陈燕,2022. 槭叶铁线莲种子萌发特性研究 [J]. 安徽农业科学,50(13):117-118,129.

吴超然,王熙,权键,等,2023. 3 种中国特有槭属植物种子萌发特性研究 [J]. 安徽农业科学,51(12):98-100.

吴丽华,王军辉,林娟,2010. 楸树植物资源的研究概况 [J]. 上海交通大学学报(农业科学版),28(1):91-96.

吴漫玲,姚兰,艾训儒,等,2020. 水杉原生种群核心种质资源的繁殖特性 [J]. 生物多样性,28(3):303-313.

吴晓萌,2022. 白杆地理分布格局及群体遗传学研究 [D]. 呼和浩特:内蒙古农业大学 .

吴兴,赵南先,段代祥,等,2005. 西藏特有珍稀植物巨柏的研究进展与展望 [J]. 福建林业科技,32(3):5.

限颖,王立军,2010. 黄檗的种质资源学研究 [J]. 北方园艺(20):189-192.

辛福梅,任世强,普布次仁,2017. 不同处理方法对巨柏种子萌发的影响种子 [J]. 种子36(11):1-3,9.

辛霞,景新明,孙红梅,等,2004. 孑遗植物水杉种子萌发的生理生态特性研究 [J]. 生物多样性,12(6):572-577.

熊丹,陈发菊,梁宏伟,等,2007. 珍稀濒危植物连香树种子萌发的研究 [J]. 福建林业科技(1):36-39.

熊艳,李海池,彭银,等,2016. 娑罗子中七叶皂苷类成分的最新研究进展 [J]. 中药材,39(5):1195-1199.

徐福成,朱力国,2018. 黑河地区匈牙利丁香引种调查及扦插繁育研究 [J]. 林业科技,43(3):60-62.

徐青萍，马明呈，马存德，2006. 文冠果种子发芽特性的研究 [J]. 陕西农业科学（3）：62-64.

许梅，董树斌，张德怀，等，2017. 北京市紫椴种群空间分布格局研究 [J]. 西北农林科技大学学报（自然科学版），45（8）：81-88.

许淑青，郭春秀，金红喜，等，2017. 不同处理对翅果油树种子萌发和育苗的影响 [J]. 甘肃科技，33（13）：144-146.

闫鹏，韩立群，刁永强，等，2016. 新疆野苹果加工制汁适宜性评价研究 [J]. 新疆农业科学，53（1）：135-141.

闫秀娜，李芳，阎国荣，等，2015. 濒危植物新疆野苹果种子的萌发特性 [J]. 天津农学院学报，22（2）：33-36.

阎国荣，于玮玮，杨美玲，等，2020. 新疆野苹果 [M]. 北京：中国林业出版社 .

杨朝霞，2008. 厚朴种子解除休眠及萌发生理的研究 [D]. 南京：南京林业大学 .

杨得坡，张晋豫，张铭哲，等，1999. 珍稀濒危保护植物领春木（*Euptelea pleiospermum*）的生态调查研究 [J]. 河南科学（2）：67-70.

杨福红，赵鑫，刘东，等，2021. 连翘扦插繁殖技术研究 [J]. 黑龙江农业科学，329（11）：74-78.

杨洪升，王悦，历秋玉，等，2017. 珍稀濒危植物黄檗研究现状 [J]. 中国科技信息（5）：71-72.

杨俊明，沈熙环，赵士杰，等，2002. 华北落叶松采穗圃经营管理技术 [J]. 北京林业大学学报（3）：28-34.

杨旭，2019. 厚朴天然种群遗传结构分析 [D]. 南京：南京林业大学 .

杨映根，桂耀林，唐巍，等，1994. 青杆愈伤组织在继代培养中的分化能力及染色体稳定性研究 [J]. 植物学报（12）：934-939，981.

杨永川，穆建平，TANG CINDY Q，等，2011. 残存银杏群落的结构及种群更新特征 [J]. 生态学报，31（21）：6396-6490.

杨永强，郭平平，赵西平，等，2022. 糠椴全树木材密度和纤维形态的研究 [J]. 安徽农业大学学报，49（5）：730-734.

腰政懋，2015. 辽东冷杉的光能和水分利用效率及其种源遗传变异规律研究 [D]. 北京：北京林业大学 .

姚敏，2021. 槭叶铁线莲亚组的遗传多样性和居群动态变化研究 [D]. 北京：北京林业大学 .

叶学敏，2017. 濒危植物血皮槭种群动态预测及潜在适生区模拟研究 [D]. 北京：中国林业科学研究院 .

叶永华，2018. 盐肤木抗冠心病活性部位筛选及化学成分研究 [D]. 福州：福建中医药大学 .

易雪梅，张悦，王远遐，等，2015. 长白山水曲柳种群动态 [J]. 生态学报，35（1）：91-97.

尹金迁，赵恳田，2019. 西藏高原巨柏的研究进展与展望 [J]. 林业与环境科学，35（2）：116-122.

于滨，王成，2015. 八角枫育苗试验初报 [J]. 防护林科技（10）：41-43.

岳永杰，余新晓，牛丽丽，等，2008. 北京雾灵山植物群落结构及物种多样性特征 [J]. 北京林业大学学报，30（S2）：165-170.

扎西次仁，2008. 西藏巨柏（*Cupressus gigantea*）的遗传多样性与精油化学成分变异及其保护生物学意义 [D]. 上海：复旦大学 .

张博，兰再平，马可，等，2011. 不同激素处理和基质配方对楸树嫩枝扦插生根的影响 [J]. 林业科学研究，24（6）：749-753.

张晨，孙晓娜，2022-11-22. 鲜榨山桐子油提取工艺研究及品质分析 [J/OL]. 中国油脂 10.19902/j.cnki.zgyz.1003-7969.220575.

张川红，郑勇奇，吴见，等，2012. 血皮槭种子休眠机制研究 [J]. 植物研究，32（5）：573-577.

张海燕，2000. 连翘化学成分及药理活性的研究进展 [J]. 中药材（10）：657-660.

张建亮，崔国发，黄祥童，等，2014. 国家一级保护植物长白松种群结构与动态预测 [J]. 北京林业大学学报，36（3）：26-33.

张建亮，郭子良，钱者东，等，2021. 珍稀濒危植物长白松（*Pinus sylvestris* var. *sylvestriformis*）天然种群生存压力 [J]. 生态学报，41（24）：9581-9592.

张立军，赵桦，周天华，2013. 中国特有属珍稀濒危植物山白树的研究进展 [J]. 陕西农业科学，59（4）：150-153.

张凌梅，2015. 优良红松种苗繁殖技术 [J]. 林业科技通讯（12）：31-32.

张龙来，李玉霞，魏孝义，等，2016. 领春木枝叶化学成分的研究 [J]. 热带亚热带植物学报，24（2）：228-232.

张强，齐斌，2017. 黑龙江省西部白杆嫩枝扦插容器育苗技术 [J]. 防护林科技（9）：126-127.

张淑洁，钟凌云，2013. 厚朴化学成分及其现代药理研究进展 [J]. 中药材，36（5）：838-843.

张童，林乐乐，黄治昊，等，2021. 燕山山脉软枣猕猴桃的居群结构与动态研究 [J]. 生态学报，41（4）：1412-1420.

张维康，王兵，牛香，2015. 北京不同污染地区园林植物对空气颗粒物的滞纳能力 [J]. 环境科学，36（7）：2381-2388.

张晓华，李修鹏，俞慈英，等，2011. 濒危植物普陀鹅耳枥种质资源保存现状与对策 [J]. 浙江海洋学院学报（自然科学版），30（2）：163-167.

张欣芮，李娜，卜桐，等，2023. 柘树不同药用部位本草考证、化学成分及药理作用研究进展 [J]. 中成药，45（3）：865-874.

张兴旺，操景景，龚玉霞，等，2007. 珍稀植物青檀种子休眠与萌发的研究 [J]. 生物学杂志

（1）：28-31.

张译敏，廖秀玲，王雪妮，等，2019. 八角枫药理和毒理作用的研究现状 [J]. 中国临床药理志，35（19）：2476-2478，2482.

张莹，李思锋，黎斌，等，2011. 山白树种子营养成分及萌发特性研究 [J]. 种子，30（3）：91-94.

张永久，2013. 沙冷杉概况及研究进展 [J]. 当代生态农业（Z1）：111-114.

张赟，2022. 濒危植物庙台槭群落特征、种子特性及扦插繁殖技术研究 [D]. 杨凌：西北农林科技大学.

张征云，苏智先，申爱英，2003，中国特有植物珙桐的形态特征、濒危原因及保护 [J]. 淮阴师范学院学报（自然科学版），2（1）：66-70.

张秩嫱，2020. 吉林省珲春野生玫瑰（*Rosa rugosa* Thunb.）果实形态变异及营养成分分析 [D]. 沈阳：沈阳农业大学.

赵红霞，王晶，丁晓六，等，2015. 蔷薇属植物与现代月季品种杂交亲和性研究 [J]. 西北植物学报，35（4）：743-753.

赵岩，郭雪，蔡恩博，等，2016. 无梗五加化学成分和药理作用研究进展 [J]. 上海中医药杂志，50（7）：98-101.

赵焱，张学忠，王孝安，1995. 白皮松天然林地理分布规律研究 [J]. 西北植物学报（2）：161-166.

赵一之，1995. 蒙古扁桃的植物区系地理分布研究 [J]. 内蒙古大学学报（自然科学版）（6）：713-715.

赵永重，章林，王风林，等，2016. 沙松扦插繁殖技术研究 [J]. 吉林林业科技，45（5）：7-11.

郑昕，2014. 濒危植物脱皮榆种群遗传多样性研究 [D]. 西安：山西师范大学.

郑志雷，2010. 厚朴遗传多样性研究及指纹图谱的构建 [D]. 福州：福建农林大学.

周建荣，2016. 不同激素处理对油松种子萌发特性的影响 [J]. 种子，35（1）：85-87.

周迎春，张廉洁，张燕丽，2020. 山茱萸化学成分及药理作用研究新进展 [J]. 中医药信息，37（1）：114-120.

周佑勋，2009. 领春木种子休眠与萌发特性 [J]. 中南林业科技大学学报，29（1）：51-54.

周志强，彭英丽，孙铭隆，等，2015. 不同氮素水平对濒危植物黄檗幼苗光合荧光特性的影响 [J]. 北京林业大学学报，37（12）：17-23.

朱力国，陈安琪，徐福成，2019. 匈牙利丁香嫩枝扦插试验 [J]. 黑龙江农业科学（2）：62-63.

朱升起，颜立红，1997. 珍稀濒危植物领春木群落调查初报 [J]. 湖南林业科技（2）：67-69.

邹琦，2007. 紫椴（*Tilia amurensis*）胚胎学的初步研究 [D]. 哈尔滨：东北林业大学.

AGNIESZKA FILIPEK, JOANNA WYSZOMIERSKA, BARBARA MICHALAK, et al., 2019.

Syringa vulgaris bark as a source of compounds affecting the release of inflammatory mediators from human neutrophils and monocytes/macrophages [J]. Phytochemistry Letters，30：309-313.

HOHMANN N，WOLF E M，RIGAULT P，et al.，2018. Ginkgo biloba's footprint of dynamic Pleistocene history dates back only 390，000years ago[J]. Bmc Genomics，19（1）：299.

JUNTTILA O，1973. The Mechanism of Low Temperature Dormancy in Mature Seeds of Syringa Species[J]. Physiologia Plantarum，29（2）：256-263.

LENDVAY B，KADEREIT W J，WESTBERG E，et al.，2016. Phylogeography of Syringa josikaea（Oleaceae）：Early Pleistocene divergence from East Asian relatives and survival in small populations in the Carpathians[J].，Biological Journal of the Linnean Society，119：689-703.

LENDVAY B，KOHUT E，HÖHN M，2012. Historical and recent distribution of Syringa josikaea Jacq. fil.ex Rchb.，ecological and conservational evaluation of the remnant populations[J]. Kanitzia，19：23-58.

LIU X，SUN L，WU Q，et al.，2018. Transcriptome profile analysis reveals the ontogenesis of rooted chichi in Ginkgo biloba L[J]. Gene，669：8.

WU Y M，SHEN X L，TONG L，et al.，2021. Impact of Past and Future Climate Change on the Potential Distribution of an Endangered Montane Shrub Lonicera oblata and Its Conservation Implications [J].Forests，12（125）：1-20.

图片版权声明

本书摄影图片版权归原作者所有，除下表所列名单外，均为王熙拍摄：

P23　白皮松　球果枝　陈红岩

P34　厚朴　果枝　曹颖

P35　厚朴　花枝　曹颖

P39　槭叶铁线莲　盛花期　权键

P40　槭叶铁线莲　全株　温韦华

P48　百花山葡萄　枝条　周达康

P49　百花山葡萄　果序　周达康

P51　蒙古扁桃　花枝　付俊秋

P53　平枝栒子　花枝　西战

P55　河南海棠　花序　权键

P57　新疆野苹果　花枝　权键

P58　新疆野苹果　果枝　曹颖

P64　美蔷薇　花、果枝　邓莲

P65　单瓣月季花　全株　崔娇鹏

P66　单瓣月季花　花枝　崔娇鹏

P68　玫瑰　果枝　邓莲

P78　柘　全株　孙宜

P79　柘　果枝　孙宜

P79　柘　花枝、枝条　周达康

P83　山桐子　果序　曹颖

P94　庙台槭　花枝　陈红岩

P104　金钱槭　果枝　周达康

P107　文冠果　果枝　吴超然

P112　紫椴　花序　曹颖

P128　细果秤锤树　花枝　张蕾

P130　软枣猕猴桃　全株、果枝　孙宜

P131　软枣猕猴桃　雌株花枝、雄株花枝　孙宜

P133　中华猕猴桃　雌株花枝　权键

P134　中华猕猴桃　果枝　权键

P141　连翘　景观　陈红岩

P162　丁香叶忍冬　花枝　陈燕

P163　无梗五加　全株　周达康

P164　无梗五加　花序　周达康

附　录

一、植物名录

序号	中文名	学名	科名	属名	国家重点保护级别	地方保护	IUCN濒危级别
1	银杏	*Ginkgo biloba*	银杏科	银杏属	一级		EN
2	粗榧	*Cephalotaxus sinensis*	三尖杉科	三尖杉属		安徽、重庆、浙江	LC
3	巨柏	*Cupressus gigantea*	柏科	柏木属	一级		VU
4	圆柏	*Juniperus chinensis*	柏科	刺柏属		浙江	LC
5	水杉	*Metasequoia glyptostroboides*	柏科	水杉属	一级		EN
6	侧柏	*Platycladus orientalis*	柏科	侧柏属			NT
7	杉松	*Abies holophylla*	松科	冷杉属		吉林一级	NT
8	华北落叶松	*Larix gmelinii* var. *principis-rupprechtii*	松科	落叶松属		北京	LC
9	白杆	*Picea meyeri*	松科	云杉属		北京、河北	NT
10	青杆	*Picea wilsonii*	松科	云杉属		北京、河北	LC
11	白皮松	*Pinus bungeana*	松科	松属		河南	LC
12	红松	*Pinus koraiensis*	松科	松属	二级		LC
13	长白松	*Pinus sylvestris* var. *sylvestriformis*	松科	松属	二级		未收录
14	油松	*Pinus tabuliformis*	松科	松属		河北、吉林三级	LC
15	厚朴	*Houpoea officinalis*	木兰科	木兰属	二级		EN
16	领春木	*Euptelea pleiosperma*	领春木科	领春木属		安徽、河北、河南、山西	LC
17	槭叶铁线莲	*Clematis acerifolia*	毛茛科	铁线莲属	二级		未收录
18	山白树	*Sinowilsonia henryi*	金缕梅科	山白树属		重庆、河南、山西、陕西	NT
19	连香树	*Cercidiphyllum japonicum*	连香树科	连香树属	二级		LC

（续）

序号	中文名	学名	科名	属名	国家重点保护级别	地方保护	IUCN濒危级别
20	沙东青	*Ammopiptanthus mongolicus*	豆科	沙冬青属	二级		未收录
21	百花山葡萄	*Vitis baihuashanensis*	葡萄科	葡萄属	一级		未收录
22	蒙古扁桃	*Prunus mongolica*	蔷薇科	桃属	二级		未收录
23	平枝栒子	*Cotoneaster horizontalis*	蔷薇科	栒子属		浙江	未收录
24	河南海棠	*Malus honanensis*	蔷薇科	苹果属		河南	DD
25	新疆野苹果	*Malus sieversii*	蔷薇科	苹果属	二级	新疆	VU
26	东北扁核木	*Prinsepia sinensis*	蔷薇科	扁核木属		吉林三级	未收录
27	鸡麻	*Rhodotypos scandens*	蔷薇科	鸡麻属		浙江	未收录
28	美蔷薇	*Rosa bella*	蔷薇科	蔷薇属		河北	未收录
29	单瓣月季花	*Rosa chinensis* var. *spontanea*	蔷薇科	蔷薇属	二级		未收录
30	玫瑰	*Rosa rugosa*	蔷薇科	蔷薇属	二级	吉林一级	未收录
31	翅果油树	*Elaeagnus mollis*	胡颓子科	胡颓子属	二级		VU
32	刺榆	*Hemiptelea davidii*	榆科	刺榆属		吉林二级、陕西	LC
33	脱皮榆	*Ulmus lamellosa*	榆科	榆属		北京、山西	未收录
34	青檀	*Pteroceltis tatarinowii*	大麻科	青檀属		安徽、北京、重庆、河北、河南、山西	LC
35	柘	*Maclura tricuspidata*	桑科	橙桑属		北京、河北	未收录
36	普陀鹅耳枥	*Carpinus putoensis*	桦木科	鹅耳枥属	一级		CR
37	山桐子	*Idesia polycarpa*	杨柳科	山桐子树		山西	未收录
38	河北杨	*Populus* × *hopeiensis*	杨柳科	杨属		河北	
39	盐麸木	*Rhus chinensis*	漆树科	盐麸木属		吉林三级	LC
40	血皮槭	*Acer griseum*	无患子科	槭属		重庆、陕西	EN
41	庙台槭	*Acer miaotaiense*	无患子科	槭属	二级		NT
42	飞蛾槭	*Acer oblongum*	无患子科	槭属		河南	LC
43	五小叶槭	*Acer pentaphyllum*	无患子科	槭属	二级	四川	CR
44	天山槭	*Acer tataricum* subsp. *semenovii*	无患子科	槭属			未收录
45	七叶树	*Aesculus chinensis*	无患子科	七叶树属		河南	未收录
46	金钱槭	*Dipteronia sinensis*	无患子科	金钱槭属		重庆、河南	DD

（续）

序号	中文名	学名	科名	属名	国家重点保护级别	地方保护	IUCN濒危级别
47	文冠果	*Xanthoceras sorbifolium*	无患子科	文冠属		河北、山西	未收录
48	黄檗	*Phellodendron amurense*	芸香科	黄檗属	二级		未收录
49	紫椴	*Tilia amurensis*	锦葵科	椴属	二级		LC
50	辽椴	*Tilia mandshurica*	锦葵科	椴属		吉林三级	LC
51	蒙椴	*Tilia mongolica*	锦葵科	椴属		河北	LC
52	珙桐	*Davidia involucrata*	蓝果树科	珙桐属	一级		未收录
53	八角枫	*Alangium chinense*	山茱萸科	八角枫属		北京、河北	未收录
54	山茱萸	*Cornus officinalis*	山茱萸科	山茱萸属		山西	未收录
55	细果秤锤树	*Sinojackia microcarpa*	安息香科	秤锤树属	二级		未收录
56	软枣猕猴桃	*Actinidia arguta*	猕猴桃科	猕猴桃属	二级		未收录
57	中华猕猴桃	*Actinidia chinensis*	猕猴桃科	猕猴桃属	二级	重庆	未收录
58	杜仲	*Eucommia ulmoides*	杜仲科	杜仲属		安徽、重庆、河南、浙江	VU
59	流苏树	*Chionanthus retusus*	木樨科	流苏属		北京	未收录
60	连翘	*Forsythia suspensa*	木樨科	连翘属		河北	未收录
61	狭叶梣	*Fraxinus baroniana*	木樨科	梣属			VU
62	水曲柳	*Fraxinus mandshurica*	木樨科	梣属	二级		LC
63	天山梣	*Fraxinus sogdiana*	木樨科	梣属	二级		LC
64	匈牙利丁香	*Syringa josikaea*	木樨科	丁香属			EN
65	羽叶丁香	*Syringa pinnatifolia*	木樨科	丁香属		陕西	未收录
66	关东巧玲花	*Syringa pubescens* subsp. *patula*	木樨科	丁香属		吉林三级	未收录
67	楸	*Catalpa bungei*	紫葳科	梓属		河北	LC
68	猬实	*Kolkwitzia amabilis*	忍冬科	猬实属		安徽、河南、山西、陕西	未收录
69	丁香叶忍冬	*Lonicera oblata*	忍冬科	忍冬属	二级		未收录
70	无梗五加	*Eleutherococcus sessiliflorus*	五加科	五加属		北京、河北	未收录

二、国家和地方重点保护植物名录

1.《国家重点保护野生植物名录》。国家林业和草原局农业农村部 2021 年 9 月 7 日公布《国家重点保护野生植物名录》（国务院部分文件 2021 年第 15 号）。

2.《安徽省重点保护野生植物名录》。安徽省人民政府 2023 年 1 月 6 日公布《安徽省重点保护野生植物名录》的通知（皖政秘〔2022〕233 号）。

3.《北京市重点保护野生植物名录》。北京市人民政府 2023 年 6 月 5 日公布《北京市重点保护野生植物名录》的通知（京政发〔2023〕15 号）。

4.《河北省重点保护野生植物名录（第一批）》。河北省人民政府办公厅 2010 年8 月 13 日发布《河北省重点保护野生植物名录》的通知（办字〔2010〕103 号）。

5.《河南省重点保护植物名录》。河南省人民政府 2005 年 1 月 4 日发布关于公布《河南省重点保护植物名录》的通知（豫政〔2005〕1 号）。

6.《吉林省重点保护野生植物名录（第一批）》。吉林省人民政府办 2009 年 12 月9 日公布《吉林省重点保护野生植物名录（第一批）》的通知（吉政办明电〔2009〕152 号）。

7.《山西省重点保护野生植物名录》。山西省人民政府 2004 年 11 月 28 日发布《山西省重点保护野生植物名录》的通知（晋政发〔2004〕45 号）。

8.《陕西省重点保护野生植物名录》。陕西省人民政府 2022 年 6 月 15 日发布《陕西省重点保护野生植物名录》的通知（陕政函〔2022〕54 号）。

9.《四川省重点保护野生植物名录》。四川省人民政府 2016 年 2 月 6 日发布《四川省重点保护野生植物名录》的通知（川府函〔2016〕27 号）。

10.《新疆维吾尔自治区重点保护野生植物名录（第一批）》。新疆维吾尔自治区人民政府 2007 年 8 月 29 日发布《新疆维吾尔自治区重点保护野生植物名录（第一批）》的通知（新政办发〔2007〕175 号）。

11.《浙江省重点保护野生植物名录（第一批）》。浙江省人民政府 2012 年 4 月12 日发布《浙江省重点保护野生植物名录（第一批）》的通知（浙政发〔2012〕30 号）。

12.《重庆市重点保护野生植物名录》。重庆市林业局和重庆市农业农村委员会2023 年 1 月 17 日发布《重庆市重点保护野生动物名录》和《重庆市重点保护野生植物名录》的通知（渝林规范〔2023〕2 号）。

三、中文名称索引

四、拉丁学名索引